KB266540

친구들과
잘 지내는
아이들의
비밀

친구들과 잘 지내는 아이들의 비밀

김선호 지음

"엄마, 나 친구가 없어."

저녁 식탁 앞, 아이가 갑자기 말을 꺼냅니다.

"엄마, 나 친구가 없어."

그 말이 너무 담담해서, 부모는 더 놀랍니다. 다시 묻기도 전에 아이는 말을 덧붙입니다.

"나… 왕따인 것 같아. 학교 가기 싫어."

그 순간, 부모의 머릿속은 복잡해집니다. 지금 뭐라고 말해야 할지, 괜히 더 상처를 주는 건 아닐지, 선생님께 먼저 말씀드려야 하는 건 아닐지 수많은 생각이 동시에 떠오릅니다. 하지만 아이의 말 속에는 단순히 '친구가 없다'는 사실만 들어 있지 않습니다. 외로움, 상처 받은 자존감, 그리고 누군가와 다시 연결되고 싶은 간절한 마음이 함께 담겨 있습니다. 아이는 도움을 요청하는 가장 솔직한 방식으로 말을 꺼낸 것입니다.

초등학생 아이들은 하루의 대부분을 학교에서 보냅니다. 그곳에서 맺는 친구 관계는 아이의 하루 기분을 결정하고, 자기 자신을 어떻게 바라보는지까지 영향을 미칩니다. 하지만 이 시기의 아이들은 아직 내가 지금 어떤 감정을 느끼는지, 상대는 왜 그렇게 행동했는지, 이럴 때 나는 어떻게 말하고 행동하면 좋을지 잘 알지 못합니다.

그래서 화가 나면 갑자기 폭발하거나, 상처를 받아도 아무 말도 못 한 채 혼자 물러서거나, 괜히 더 공격적으로 굴며 관계를 망치기도 합니다. 아이도 힘들고, 지켜보는 부모 역시 무력해집니다.

이때 필요한 것은 "잘 지내라"는 조언이 아닙니다. 아이에게 정말 필요한 것은 사회정서를 배우는 시간입니다. 사회정서란 내 마음을 알아차리고, 다른 사람의 감정을 헤아리며, 관계를 지킬 수 있는 방법을 선택하는 힘입니다. 이는 타고나는 성격이 아니라, 경험하고 연습하며 자라나는 능력입니다. 실수 속에서 배우고, 작은 성공을 통해 자신감을 쌓으며 조금씩 성장합니다.

이 책은 바로 그 과정을 함께하기 위해 만들어졌습니다. 교실과 쉬는 시간, 친구 사이에서 실제로 일어나는 장면을 따라가며 아이 스스로 생각해 보고, 말해 보고, 다시 선택해 보도록 돕습니다.

"아, 나도 이런 감정을 느낄 수 있구나."
"이럴 땐 이렇게 말해 볼 수도 있겠네."
"다음에는 조금 다르게 해 볼 수 있겠어."

부모에게도 이 책은 하나의 전환점이 될 수 있습니다. 아이를 고치려는 마음에서 벗어나, 아이의 마음을 이해하고 함께 연습해 보는 방향으로 나아가게 해 줍니다. 사회정서는 단기간에 완성되지 않습니다. 그러나 안전한 환경에서 반복적으로 연습할 수 있다면,

아이들은 분명 조금씩 달라집니다.

"친구가 없어요."

아이의 이 말이 절망의 끝이 아니라 성장으로 향하는 첫걸음이
되기를 바랍니다. 이 책이 그 첫걸음을 함께 걷는 길잡이가 되기를
바라며, 이이와 어른이 함께 성장하는 시간을 응원합니다.

초등교육 전문가
사이다 쌤, 김선호

목차

프롤로그 "엄마, 나 친구가 없어." ⁕ 004

Chapter 1

도대체 사회성이란 무엇일까?

언제부터 이렇게 아이의 '사회성'을 걱정하게 됐을까? ⁕ 012

사회성이 좋은 아이들은 어떤 특징을 가지고 있을까? ⁕ 018

자존감이 높은 아이가 사회성도 높다 ① 자존감 ⁕ 024

완벽함보다 꾸준함을 쌓는 일이 중요하다 ② 근면성 ⁕ 032

공감 능력은 훈련을 통해 갈고닦을 수 있는 기술이다 ③ 공감 능력 ⁕ 038

상황에 맞게 감정을 표현할 줄 알아야 한다 ④ 자기조절 ⁕ 043

규칙은 나와 타인을 지키기 위한 선택이다 ⑤ 규칙 준수 ⁕ 050

아이의 사회성 발달을 돕는 초등 시기별 부모의 역할 ⁕ 056

Chapter 2

교실 속 내 아이는 지금 어떤 모습일까?

교실에서 주로 혼자 있는 아이 ⁕ 062

보이지 않는 왕따: 누구에게나 언제든 생길 수 있는 일 ⁕ 070

아이들은 정말 싸우면서 클까? ⁕ 079

학교에서 이쁨받는 아이의 특징 ❖ 086

친구 관계가 어려운 아이: 시기별 친구 스트레스의 이유 ❖ 094

내향적인 아이는 사회성이 낮을까?: 내향형 아이에 대한 오해와 진실 ❖ 103

밖에 나가기를 두려워하는 아이: 동굴 증후군으로부터 우리 아이를 지키는 법 ❖ 112

말수가 지나치게 적은 아이 ❖ 119

집착하는 아이 1: 왜 먹는 것, 이기는 것, 인정받는 것에 집착할까? ❖ 127

집착하는 아이 2: 아이들은 왜, 그리고 어떻게 친구에게 집착할까? ❖ 136

또래 압력에 똑똑하게 대처하는 법 ❖ 144

거짓말을 아주 능숙하게 하는 아이 ❖ 153

초등학생이 싫어하는 초등학생 ❖ 162

단순하지만은 않은 절친과의 관계 ❖ 171

Chapter 3

우리 아이의 사회성을 높이고 싶다면

부모의 불안이 자녀의 사회성을 약화시킨다 ❖ 182

비속어를 쓰는 아이들의 심리 ❖ 188

진심이 중요한 여자아이, 잘 노는 게 중요한 남자아이 ❖ 194

우리 아이가 외모에 관심을 갖기 시작했다면 ❖ 200

공식적인 리더가 돼 보는 경험 ❖ 208

아이의 메타인지를 키우는 식물 가꾸기 ❖ 214

아름다움을 공유할 줄 아는 아이: 아이의 심미적 감수성을 높이는 법 ❖ 220

몸을 움직이는 만큼 아이의 사회성이 발달한다 ❖ 227

이타성과 친사회적 행동 기초 다지기 ❖ 233

친사회적 행동이 가져오는 사회성 발달의 선순환 ❖ 238

Class
Room

Chapter 1

도대체
사회성이란
무엇일까?

언제부터 이렇게 아이의 '사회성'을 걱정하게 됐을까?

요즘 학부모 상담을 하다 보면, 아이의 친구 관계 때문에 고민이 깊어졌다는 이야기를 많이 듣습니다. 단순히 '친구가 없는 것 같다'라는 우려부터, 갈등이 생길 때 아이가 심히 주눅 들고 스스로를 낮춘다거나, 아예 갈등 상황 자체를 피하려는 모습까지 보인다는 등 고민의 종류도 가지각색입니다. 특히 사춘기에 접어든 청소년들은 친구와의 갈등이나 소외 경험이 지속되면 깊은 우울감이나 불안으로 이어지기도 합니다. 우리 주변 뉴스에서도 관련된 극단적인 안타까운 사례를 어렵지 않게 볼 수 있습니다.

기사에 실릴 정도는 아니어도 친구들과의 갈등으로 교실 내에서 고립되고, 결국 등교 거부까지 이어지는 사례는 초중고를 막론하고 거의 매일같이 일어나는 일상이 되었습니다. 아이들의 사회성 발달을 돕고자 운영되는 동아리 활동에서마저도 그 안에서 소외감을 느끼는 아이는 반드시 생겨나고, 결국 우리 아이를 동아리에서 빼 주면 안 되겠느냐는 학부모의 하소연 섞인 민원을 매 학기 접하고 있습니다.

심리상담실이 있는 학교도 친구 문제로 상담을 요청하는 학생들이 많아 상담을 받으려면 2~3주를 기다려야 하는 상황입니다. 아이에게 친구 관계로 죽고 싶다는 말을 들은 부모 입장에서는 그저 무력하게 바라보고 있을 수밖에 없는 상황이 괴롭기만 합니다.

우리는 언제부터, 왜, 아이의 사회성에 이토록 신경을 쓰게 되었을까요? 이유는 여러 가지가 있습니다. 과거에는 '혼자 잘 노는 아이'가 크게 문제시되지 않았습니다. 학교에서도 친구들과의 교류는 자연스럽게 형성되었고, 학급 내 역할과 참여 기회가 다양한 편이었죠. 하지만 최근 몇 년 사이, 학급 구성원의 수가 현저하게 줄고 초등까지 내려온 과도한 학업 스트레스에 아이들은 자기조절감을 갖추기 어려워졌습니다. 이런 상황이 누적됨에 따라 아이는 친구 관계에서의 작은 어려움에도 점점 취약해져만 갔으며, 자존감과 사회적 관계력도 쉽게 무너지게 되었죠. 여기에 스마트폰과 SNS 활동이 더해져, 현실 세계에서의 대인관계 경험과 갈등 상황을 자연스럽게 경험하며 해결하는 기회가 줄어들었습니다. 엎친 데 덮친 격으로 초등 저학년 또는 미취학 시기에 팬데믹을 겪은 지금의 초등생 아이들은 사회성을 배우고 몸으로 익힐 시간이 절대적으로 부족했습니다.

친구와 다투거나 또래로부터 소외된 아이를 지켜봐야 할 때, 아이가 주눅 들어 눈치만 보고 있을 때, 그리고 '내가 어떻게 도와야 할까' 고민하면서도 마땅한 방법이 떠오르지 않을 때 부모는 무력감을 느낍니다. 실제로 많은 부모들이 상담에서 "아이와 대화를 시도하지만 제대로 말을 꺼내지도 못하고, 내가 잘못된 조언을 하는 것 같아 걱정된다"라고 말합니다.

아이들이 겪는 사회적 어려움은 단순히 친구 수가 많고 적고의 문제, 친구들과 어느 정도로 친밀도를 형성하느냐의 문제가 아닙니다. 친구와 갈등을 겪고, 그 과정에서 감정을 조절하지 못하거나 상황을 잘못 판단하면, 아이들은 또래로부터 배제되거나 스스로 주눅 들어 관계를 회피하게 됩니다. 문제는 이런 식으로 사회적 경험이 제한되면, 아이들은 점점 그 상황에 익숙해져 이로부터 벗어나려는 시도 자체를 포기하게 된다는 것입니다.

아이의 사회성 문제는 단시간에 해결되지 않습니다. 그러니 조급해하지 말고, 아이가 겪는 어려움과 감정을 공감하며 기다려야 합니다. 때로는 "친구와 다투어도 괜찮다, 혼자 있는 시간도 의미

있다"라고 말하며, 아이가 자신의 감정을 안전하게 경험할 수 있는 환경을 만들어 줘야 합니다. 아이가 타인의 감정을 읽고 상황에 맞게 행동할 수 있도록 최대한 기회를 제공해 주세요.

아이가 겪는 사회적 어려움을 이해하려면, 표면에 드러난 행동뿐 아니라 그 이면에서 벌어지는 심리적 역동을 살펴볼 필요가 있습니다. 정신분석학적 관점에서는 또래 관계에서의 반복된 좌절이나 배제의 경험이 아이의 자아 발달에 직접적인 흔적을 남긴다고 봅니다. 예를 들어, 친구와의 갈등 상황에서 주눅이 드는 것은 단순한 성격 문제가 아니라, 무의식중에 '관계 속에서의 나'가 안전하지 않다고 느끼는 방어 반응일 수 있습니다. 이런 불안은 억압, 회피, 과도한 순응 같은 방어기제로 나타나며, 시간이 지날수록 타인과 새롭게 관계 맺고자 하는 의지를 약화시킵니다.

갈등 상황에서 감정을 조율하는 힘은, 본질적으로 '내가 사랑받을 가치가 있다'라는 내면의 확신에서 나옵니다. 이 확신이 약한 사람은 작은 오해에도 관계가 끊어질 수 있다는 불안을 크게 느낍니다. 실제 상담 현장에서도 사소한 장난이나 의견 충돌을 '관계의 파탄'으로 해석해 관계 자체를 회피하는 아이들을 자주 봅니다.

이때 부모가 해야 할 일은 표면적 문제 해결보다, 아이가 관계 속에서 안전하다고 느낄 수 있는 심리적 기반을 마련해 주는 것입니다. '네 감정은 존중받아도 돼'라는 메시지를 일관되게 전달하고, 부정적인 감정도 얼마든지 잘 다룰 수 있다는 경험을 반복해서 제공해야 합니다. 이런 과정이 아이에게 '갈등이 있어도 관계가 유지될 수 있다'라는 심리적 내구성을 만들어 줍니다. 결국 사회성 발달은 기술적인 훈련만으로는 완성되지 않으며, 아이가 관계 속에서 자기 존재를 안전하게 느낄 수 있어야 자라날 수 있습니다.

우리는 종종 아이의 사회성을 숫자나 외형적 척도로만 판단하려 합니다. 하지만 사회성은 친구의 수나 교류 횟수만으로 판단할 수 있는 게 아닙니다. 친구 관계에서 자신의 욕구와 상대방의 욕구를 조율하고 갈등 속에서도 신뢰를 유지하며, 자신의 감정을 정확하고 이성적으로 표현할 수 있는 능력이 진정한 사회성입니다. 부모는 아이가 이런 경험을 쌓도록 돕는 안내자 역할을 해야 합니다. 때로는 지켜보는 것만으로도, 때로는 작은 개입과 피드백만으로도 충분합니다.

아이의 사회성 문제를 걱정하는 순간부터 부모의 마음은 복잡해집니다. 아이가 주눅 들고, 친구들과의 관계에서 어려움을 겪는 모습을 보며 안타까움과 무력감을 느끼는 동시에, 어떻게 도와야 할지 몰라 망설이게 됩니다. 하지만 분명한 점은, 아이와 함께 안전하게 사회적 경험을 반복하고 감정을 표현하며, 상황을 조율하는 연습을 하면 충분히 개선될 수 있다는 것입니다. 그 과정 속에서 아이는 서서히 친구와의 관계에서 자신감을 얻고, 사회적 상황에서도 자신의 역할을 인식하며 행동할 수 있게 됩니다.

이 책에서는 아이의 사회성 발달에 필요한 기본적인 요소들을 하나씩 차근차근 살펴보고자 합니다. 사회성은 단순히 친구가 많고 적음으로 평가되는 것이 아니라, 자신의 감정을 조절하고 타인의 감정을 이해하며, 갈등 상황에서 적절히 대응할 수 있는 능력을 포함합니다. 특히 초등 시기에는 왕따, 은따, 혼자 노는 아이, 친구가 없는 아이 등 다양한 문제 상황이 나타나고, 부모 입장에서는 이를 바라보는 것만으로도 마음이 무거워집니다. 본문에서는 이러한 실제 사례들을 바탕으로, 아이들이 사회성 면에서 겪는 어려움과 이 같은 어려움이 발생하는 이유를 발달적 배경과 함께 분석해 볼 것입니다. 아울러 가정에서 이 같은 문제들에 대응할 수 있는 현실적인 접근방법도 함께 소개하려 합니다. 이를 통해 부모는 단순히 문제를 해결하려 애쓰는 차원을 넘어, 아이가 스스로 사회적 관계를 형성하고 자신의 감정을 이해하며 이를 안전하게 표현하는 힘을 길러 줄 수 있습니다. 부디 이 책을 통해 부모와 아이 모두, 사회적 관계 속에서 자신감을 갖고 건강하게 성장할 수 있는 작은 불빛을 발견하길 바랍니다.

사회성이 좋은 아이들은 어떤 특징을 가지고 있을까?

　'사회성은 좋은데 공부를 못하는 아이'와 '공부는 잘하는데 사회성이 부족한 아이'. 담임교사 입장에서 누가 더 염려되고 걱정될까요? 단연 사회성이 부족한 아이 쪽이 더 염려되고 걱정됩니다. 사회성이 좋은 아이는 안정적인 정서가 뒷받침된 경우가 많은데, 그런 아이는 딱히 학습 능력이 좋지 않더라도 자신의 성향과 소질, 그리고 주변과의 좋은 관계성을 바탕으로 자기 길을 알아서 잘 찾아갑니다. 하지만 사회성이 부족한 아이는 공부를 잘하든, 운동신경이 좋든, 예술적 감각이 뛰어나든 결국 관계성 안에서 일어나는 문제에 매몰되어 삶의 중요한 부분을 놓치고 살아갈 가능성이 높습니다. 작은 사회라고도 불리는 교실 안에서만 봐도 사회성의 부족은 늘 문제의 씨앗이 되곤 하니까요.

사회성은 다른 사람과 더불어 살아가는 데 필요한 능력과 태도를 말합니다. 이는 가족, 친구, 학교, 나아가 사회 전체에서 원활한 관계를 형성하고 유지하는 데 꼭 필요한 요소이지요. 사회성은 단순히 사람들과 어울리는 능력을 넘어, 상대방의 감정을 이해하고 공감하며 협력하는 능력까지 포함합니다. 학교에서 사회성이 좋다는 평을 받는 아이들은 말이 많고 친구가 많은 아이들이 아닙니다. 공감할 줄 알고, 협력할 줄 알고 이를 바탕으로 친구들로부터 신뢰받는 아이들이 사회성이 좋다는 평가를 받는 겁니다.

사회성이 좋다고 평가받는 아이들에게는 몇 가지 공통점이 있습니다. 이는 다시 말해 다음과 같은 요소들을 갖추게 되면 사회성 발달에 도움이 된다는 이야기이기도 합니다.

그 첫 번째 요소로는 '근면성'을 들 수 있습니다. 심리학에서는 사회성을 인간 발달의 중요한 단계로 봅니다. 특히 미국의 심리학자 에릭슨Erik Erikson은 심리사회적 발달 이론에서 사회성을 다룹니다. 에릭슨은 인간이 성장하면서 8단계의 발달 과정을 거친다고 보았습니다. 초등 시기에는 '근면성 대 열등감'이라는 발달 과제가 있는데, 이 시기의 아이들은 또래 친구와의 관계에서 근면성을 바탕으로 사회성을 키우며, 이를 통해 자신감을 얻고 열등감을 극복하게 됩니다. 근면하다는 건, 사회성에 있어 무척 중요합니다. 상대방을 믿고 의지할 수 있게 하는 중요한 지표가 바로 근면성이기 때문이지요. 근면하다는 인상이나 평가를 받는 사람에게는 주변에 함께하고 싶어 하는 누군가가 늘 따라옵니다. 이는 다시 말해 저절로 사회성을 높일 수 있는 환경이 갖추어진다는 것을 뜻합니다.

두 번째 요소로는 공감 능력Empathy을 들 수 있습니다. 공감은 상대방의 입장에서 그가 어떻게 생각하고 어떤 감정을 느끼는지를 이해하는 능력으로, 이는 아이들이 타인과의 관계에서 신뢰를 쌓고 협력할 수 있도록 돕습니다. 예를 들어 친구가 실수로 공을 놓쳤을 때, 어떤 아이는 그걸 빌미로 이렇게 표현합니다.

"너 때문에 졌잖아!"(원인 제공자라는 표현)
"그걸 놓치냐!"(실력이 없다는 표현)

이런 식으로 우리 팀에 손해를 입혔다고 놀리거나 소리를 지르는 아이. 하지만 어떤 아이는 조용히 옆으로 다가가 어깨를 토닥이며 다음과 같이 말해 줍니다.

"괜찮아, 다음에 잘하면 돼."

이는 타인에 대한 공감 능력이 없으면 나오기 어려운 표현입니다. 이런 공감 표현을 할 줄 아는 아이는 그것만으로도 여러 아이와 우호적인 친구 관계를 유지합니다.

세 번째 요소로는 자아존중감을 들 수 있습니다. 자신을 존중하는 아이는, 타인도 존중받아 마땅하다는 것을 직감적으로 압니다. 결국 자아존중감이 높은 아이는 높은 자신감 덕에 타인과의 관계에서도 긍정적인 태도를 유지할 수 있게 되지요. 이런 아이들은 친구와 갈등이 생겨도 자신의 감정을 솔직히 표현하고, 문제를 해결하려는 노력을 기울입니다. 반대로, 자아존중감이 낮은 아이는 타인의 시선을 과도하게 의식하거나 자신을 부정적으로 평가하면서 대인관계에서 어려움을 겪을 수 있습니다.

자아존중감이 높은 아이는 새로운 (사회적) 환경에 적응하는 데도 유리합니다. 이들은 새로운 친구를 사귀거나 그룹 활동에 참여할 때 자신감을 가지고 적극적으로 행동하며, 이러한 경험을 통해 더 넓은 사회적 관계망을 형성할 수 있습니다. 이는 사회적 기술을 배우고 익히는 기회를 보다 풍성하게 해 주는 까닭에, 결과적으로 아이의 사회성 발달에 긍정적인 영향을 주게 됩니다.

네 번째 요소로는 자기조절능력을 들 수 있습니다. 자기조절능력은 자신의 감정, 행동, 충동을 통제하고 상황에 맞게 조절하는 능력을 말합니다. 이는 아이가 사회에서 잘 적응하고, 원만한 관계를 맺는 데 중요한 요소이지요. 감정을 잘 조절하지 못하면 친구와 갈등을 빚거나, 상황에 맞지 않는 행동을 하게 됩니다. 대표적인 예로 작고 사소한 일로 친구에게 소리를 지르거나, 불만을 터뜨리는 행동을 들 수 있는데, 이는 사회적 관계에서 문제가 될 수 있습니다.

자기조절능력은 단순히 감정을 억누르는 것만을 의미하지 않습니다. 오히려 자신의 감정을 정확히 인식하고, 이를 적절히 표현하거나 다루는 능력을 포함하는 개념에 가깝습니다. 화가 난 상황에서도 상대방에게 상처를 주지 않으면서 자신의 의견을 전달할 수 있는 능력이 사회적 관계를 유지하는 데 필수적인 것처럼요.

마지막으로는 규칙, 규범, 규율을 준수하는 능력을 들 수 있습니다. 사회학적인 측면에서 사회성은 '법, 규칙, 규범, 규율'을 잘 지키는 성질을 의미합니다. 이러한 종류의 사회성은 타고나는 것이 아니라 경험과 학습을 통해 길러지는 능력입니다. 교육은 아이들이 사회의 규칙과 규범을 배우고 내면화하는 주요 수단입니다. 학교나 가정에서의 규칙 준수 관련 교육은 아이들에게 사회적으로 용인되는 행동과 기대되는 역할을 이해하도록 돕습니다. 더불어 부모, 교사, 또래집단은 아이들에게 규칙을 따르는 본보기를 보여 줍니다. 아이들은 이를 관찰하고 모방하며, 반복적인 학습을 통해 규칙 준수의 중요성을 깨닫게 되고요. 물론 좋은 교육 환경에서는 이 정도로 만족하지 않습니다. 규칙을 실제로 적용할 기회를 제공하지요. 이를테면 교실의 규칙을 지키거나 운동장에서의 팀워크 활동을 통해 아이들은 규율과 규범을 익히고 실천하게 됩니다.

위에서 언급한 다섯 가지 요소들이 조화를 이룰 때, 자녀의 사회성이 하나의 능력치로 자리하게 됩니다. 사회성이 좋은 아이들에 대해서는 특별히 더 걱정하지 않아도 괜찮습니다. 하지만 다른 것들이 아무리 다 좋아도, 사회성이 좋지 않다면 그땐 걱정을 해야 합니다.

자존감이 높은 아이가 사회성도 높다

① 자존감

자존감이 높은 아이들은 사회성도 마찬가지로 높습니다. 더 정확히 표현하자면 사회성 면에서 '안정적인' 모습을 보입니다. 반면 자존감 없이 세워진 사회성은 외부 환경 변화에 따라 쉽게 흔들리고 맙니다. 그런 까닭에 자존감 세우기는 사회성을 높이기 위한 필수 전제 조건이 됩니다.

보통 자존감이라고 하면 자아존중감이라는 단어를 가장 먼저 떠올립니다. 그런데 자아존중감보다 더 기본이 되는 개념이 있습니다. 바로 '자아존재감'입니다. 자아존재감은 자존감이라는 건물을 짓기에 앞서 필요한 기초공사라고 할 수 있습니다. 그 기초공사

위에 기둥으로 '자아존중감'을 올리는 것이고요. 다시 말해 '자아존재감'과 '자아존중감' 이 두 가지가 자존감을 이루는 요소이며, 자아존재감이 가장 밑바탕에 있고, 그 바탕 위에 자아존중감을 쌓아 올린다고 생각하면 됩니다.

자아존재감은 '내가 지금 여기에 있다'라는 걸 자각하는 상태를 말하는데요. 이렇게 생각하는 분이 계실지도 모르겠습니다. '아니, 내가 지금 여기 있지 그럼 어디에 있다는 거야? 자기가 여기 있는 걸 모르는 사람이 있나?' 하고요. 의외로 인간의 심리는 불안정한 면이 큰 까닭에, 혼자서는 '내가 여기 있다'라는 걸 좀처럼 자각하지 못합니다. 그걸 느끼게 되는 경우는, 다른 사람이 나를 바라봐 주고 있을 때뿐이죠.

특히 초등 아이들의 경우, 친구들이 아이에게 다가와서 같이 놀자고 말하거나, 또는 주변 어른들이 아이에게 관심 어린 시선을 주어야만 '내가 여기 있다'라고 느낍니다. 이건 어른도 마찬가지입니다. 예를 들어 아빠가 하루 종일 밖에서 힘들게 일하고 들어왔는데, 식구들 모두 관심도 없이 그냥 자기 방에서 유튜브만 보고 있으면 아빠의 자아존재감은 밑바닥을 치게 되겠지요. 이렇듯 내가 지금 여기 있다는 '존재감'을 느끼기 위해 우리는 늘 타인의 시선을 필요로 합니다.

인간에게 자아존재감이 형성되는 시기는 보통 태어나서 만 3세 정도까지를 봅니다. 아이가 태어나면 부모는 아이와 자주 눈을 맞추고 "까꿍"이나 "도리도리" 등을 하며 사랑스럽다는 시선을 보내지요. 그럼 아이도 마주 보며 방긋방긋 웃어 줍니다. 이렇듯 유아기의 아이는 누군가 자기를 자꾸 바라봐 줄 때, 자신의 존재감을 느낍니다. 그리고 이 시기 형성된 자아존재감은 아이에게 평생 영향을 줄 정도로 절대적이지요. 비록 말도 잘 못하고 활동 반경도 지극히 제한적이지만, 그렇다고 그냥 분유 줄 때만 잠깐씩 바라보거나 그마저도 시선을 주지 않은 채 성의 없이 기저귀를 갈아 주는 행위가 반복되면, 아이는 자아존재감을 느낄 만한 시선을 찾지 못하게 됩니다. 기저귀를 갈아 주고 젖을 먹이면서 아이를 응시하며 "우리 아가" 하고 말을 걸어 주는 행위는 아이의 자아존재감 형성에 정말 중요합니다.

물론 꼭 이 시기에만 자아존재감이 형성되는 것은 아닙니다. 초등 시기에도 자아존재감은 얼마든지 형성될 수 있어요. 영유아기만큼은 아니지만 그래도 효과는 좋습니다. 간단합니다. 판단 없이 자녀를 자주 바라봐 주면, 자아존재감이 높아집니다. 예를 들어 우리 아이가 밥 먹는 모습을 지긋하게 사랑스런 눈빛으로 그냥 바라봐 주는 거예요. 우리 아이가 누워서 뒹굴뒹굴하고 있는 모습도 그저 지긋이 바라봐 주고요. 이때 중요한 건 '판단 없이' 바라보는 겁니다. 판단이 개입되는 순간, 십중팔구 다음과 같은 시선으로 바라보게 되거든요.

"으이구, 문제집도 안 풀고 누워서 TV만 보고 있네!"

하지만 이런 반응은 자아존재감 형성에 별 도움이 안 됩니다. 우리 아이가 문제집을 안 풀어도, 그냥 빈둥거리고 있어도, 아무런 판단 없이 그저 바라봐 주세요.

아이들의 말에 귀를 기울여 주는 것도 자아존재감 형성에 도움이 됩니다. 아이들은 자기 말에 반응하는 타인이 존재하는 것만으로도 '내가 지금 여기 있다'라는 감각을 느낄 수 있습니다.

아이의 이름을 자주 불러 주는 것도 좋습니다. 누군가 내 이름을 불러 준다는 건, 그만큼 확실하게 내가 지금 여기 있다는 걸 증명해 주는 거거든요. 저도 학교에서 최대한 학급 아이들의 이름을 모두 부르려고 애씁니다. 아이 입장에서, 학교에 갔는데 단 한 번도 자기 이름이 불리지 않은 채 그냥 집에 간다는 건 있을 수도, 있어서도 안 되는 일입니다. 이런 경우 아이들은 당연히 자아존재감을 형성하는 데 어려움을 겪을 수밖에 없고요. 이건 어른들도 마찬가지입니다. 그나마 아이들이 어릴 때는 "엄마" "아빠" 하고 자주 불러 주기라도 하죠. 그런데 어느 순간부터 자녀와 대화가 적어지기 시작하고 그나마 "엄마" "아빠"라고 불리는 일도 점점 줄어들게 됩니다.

그럴 때면 어른들도 별수 없이 자아존재감의 상실을 느끼게 되지요. 그러니 어른들도 동호회나 친목 모임처럼 자신의 이름이 불리는 환경에 자주 노출되는 것이 좋아요.

자아존중감 형성은 자아존재감을 형성하는 것보다는 좀 더 어렵습니다. 왜냐하면, 자아존중감은 내가 아주 형편없는 모습으로 있음에도 불구하고 누군가 나를 바라봐 줄 때 형성되는 법이거든요. 예를 들어 현서가 학원에서 시험을 치고 50점 받아 왔어요. 본인 생각에도 정말 형편없는 점수죠. 그럼에도 불구하고 그 점수와 상관없이 누군가 나를 판단 없이 바라봐 주면 그때 자아존중감이 생깁니다. 그나마 다행인 건 이때 주변 모든 사람들이 나를 판단 없이 바라봐 줄 필요는 없다는 것입니다. 딱 한 사람만 그렇게 해 주면 됩니다. 보통 그 역할을 엄마나 아빠가 해 주면 좋아요. 물론 할머니 할아버지가 해 주어도 되고요. 바꿔 표현하면 우리 아이의 자아존중감을 형성하는 데는 아이가 어떤 일에 부족하거나 실패한 듯한 모습을 보였을 때가 외려 기회가 된다는 이야기입니다. 그때 묵묵히 자길 믿어 주고 다독여 주는 어른이 옆에 있다면 아이 안에는 자연스레 자아존중감이 싹트게 됩니다.

'아주 형편없는 모습처럼 느껴지는 순간'에 대해 보다 구체적으로 말하면 다음과 같습니다. 아이가 느끼기에 어떤 결과물이 좋지 않거나, 어떤 수치감이 느껴지는 상황에 놓였을 때, 다시 말해 시험을 아주 망쳤거나, 다른 친구들은 다 성공했는데 나만 그대로인 상황 등을 떠올리면 좋습니다. 그럼에도 불구하고 나를 다독여 주는 한 사람이 있을 때, 자아존중감이 형성됩니다.

마지막으로 자존감 형성에 필요한 부수적 조건은 다음과 같습니다. 타인에게 피해를 입히는 행위를 했을 땐 분명한 훈육이 있어야 한다는 것. 이때는 아이에게 어떤 행위가 잘못인지 명확히 알려 주는 게 무엇보다 중요합니다. 훈육한다고 해서 아이의 자존감이 낮아지거나 하지는 않습니다. 잘못된 행동이 개선되는 과정에서 외려 자기 안정감이 형성되면서 자존감을 높이는 데 도움이 됩니다.

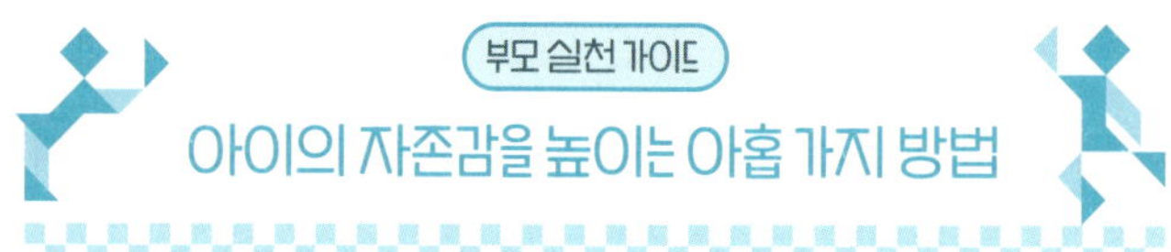

아이의 자존감을 높이는 아홉 가지 방법

① 긍정 부정의 가치 판단 없이, 아이의 얼굴을 자주 바라봐 준다.

② 특별한 일이 없더라도 아이의 이름을 자주 불러 준다.

③ 기특하다는 듯 아이의 머리를 자주 쓰다듬어 준다. 이는 아이가 감각적으로 '내가 존재한다'라는 걸 느끼게 하는 아주 좋은 방법이다.

④ 아이가 실수나 실패했을 때, '별일 아니라는 듯' 대한다.

⑤ 아이가 집에 돌아왔을 때 안전하다고 느낄 수 있는 환경을 조성한다. 학교에서 보면 집에 가기 싫어하는 아이들이 있는데, 이런 경우 대체로 집이 심리적, 신체적으로 안정감을 주지 못하는 경우가 많다. 불안감은 아이가 자존감을 키우는 데 어려움을 겪게 만든다.

⑥ 자기를 조절하는 능력은 '자존감' 형성에 상당히 긍정적인 영향을 주는 법이므로 아이가 뭔가를 절제하는 모습을 보였을 때, 아낌없이 칭찬해 준다.

⑦ 아이가 뭔가를 만들어 왔을 때는 반드시 관심을 갖고

살펴봐 준다. '내가 뭔가를 만들어 낼 줄 아는 쓸모 있는 사람'이라고 느끼는 감각은 아이의 자기효능감을 높여 주는데, 이는 자존감 형성에 매우 긍정적인 영향을 미친다.

⑧ 아이가 착한 일을 했을 때, 기쁜 얼굴을 보여 준다. 대가를 바라지 않고 선행을 행한 경험은 아이의 자존감을 높이는 데 매우 효과적이다. 선한 행동은 아이 자신의 자존감뿐만 아니라 공동체, 나아가 지역사회의 집단 자존감을 높여 준다.

⑨ 잘못한 부분에 대해서는 명확하게 훈육한다. 무엇이 잘못인지 아닌지를 인지하고 이에 맞게 행동할 수 있어야 자기 안정감이 생기고, 이렇게 형성된 자기 안정감은 아이가 자존감을 형성하는 데 긍정적인 영향을 미친다.

완벽함보다 꾸준함을 쌓는 일이 중요하다

② 근면성

어떤 사람의 사회성을 판단하는 데는 최소 몇 개월 또는 그 이상의 기간이 필요합니다. 겨우 하루이틀 함께해 보고 그 사람의 사회성을 판단하기는 어렵다는 이야기지요. 초등학생 아이들은 한 학급에서 1년을 함께 보내야 하므로 새 학년이 시작되었을 때 처음 한 달 정도는 서로 조심하는 모습을 보입니다. 아직 어떤 친구가 좋은 아이인지, 나와 잘 맞는지, 믿을 만한지 등을 알 수 없기 때문입니다. 특히 다른 친구의 사회성에 대한 판단은 거의 3개월 이상 함께 지낸 후에야 알게 됩니다. 왜냐하면 사회성은 단순히 사람을 잘 대하는 기술이 아니라, 관계를 지속하고 신뢰를 쌓는 습관이기 때

문이지요. 그런 까닭에 근면성이 없는 사회성은 장기적으로 유지되기 어렵습니다.

미국의 심리학자 앨버트 밴듀라Albert Bandura는 자기조절능력이 높은 사람이 대인관계에서도 더 신뢰받는다고 말합니다. 이 자기조절능력은 꾸준하게 일정한 것을 해내는 근면성과 긴밀하게 연결되어 있고요. 이처럼 근면성은 단순히 '일을 많이 하는 습관'이 아니라 '책임 있게 약속을 지키고, 자신을 조절하면서 맡은 일을 성실히 해내는 태도'에 더 가까운 개념입니다. 결국 근면성은 사회성의 '신뢰 자본'을 쌓는 핵심 도구인 셈이지요.

보통 근면성이라고 하면 '매일 열심히 공부하는 아이'의 이미지를 떠올립니다. 그런데 근면성은 공부에만 해당되는 게 아닙니다. 놀 때도, 친구와의 약속을 지킬 때도, 심지어 가족과의 생활 속에서도 근면성은 발휘됩니다. 즉, 근면성은 삶의 태도 전반에 스며드는 '꾸준함의 습관'입니다.

근면성은 초등 시기에 자리 잡기 가장 좋은 사회성 요소입니다. 이 시기에 아이는 '내가 해낸다'라는 경험을 통해 자신감을 키우고, 그 과정에서 사회적으로 인정받는 법을 배웁니다. 반대로 뭔가를 계속 미완성으로 끝내거나 게으르다는 피드백만 받으면 아이는 스스로를 무능하다고 느끼며 대인관계에서도 위축될 수 있어요.

갈수록 학교에서는 과정에 중점을 두는 교육 방식을 수업에 접

목하고 있습니다. 과정 중심 수업 모형은 앞으로도 더욱더 확대되고 그 양상도 다양해질 테지요. 이를 가장 대표하는 게 바로 모둠형 프로젝트(그룹 과제)입니다. 그룹 과제에서는 구성원이 함께 작업하고 그 안에서 각자의 역할을 분배 및 수행합니다. 근면성이 있는 아이는 역할을 성실히 수행하고, 약속한 시간에 맞춰 자료를 준비해 옵니다. 그 순간 친구들은 '이 아이는 믿을 수 있다'라고 느끼지요. 이 신뢰가 반복되면, 아이는 자연스럽게 관계의 중심에 서게 됩니다.

반면, 근면성이 부족한 아이는 처음에는 친근하다는 인상을 줄 수는 있지만, 시간이 지남에 따라 '믿기 어렵다'라는 평판이 쌓이면서 관계의 신뢰도가 낮아집니다. 그러므로 부모가 아이의 근면성을 길러 줄 때 중요한 건 속도보다 꾸준함입니다. 달리 표현하면 다이내믹하지 않아도, 더 심하게 표현하면 '지루하더라도 무념무상으로 반복하는' 꾸준함이 요구된달까요. 교육학에서는 이를 '반복되는 작은 습관'이라 표현합니다. 이는 별다른 게 아닙니다. 매일 아침 스스로 이부자리를 정리하는 것, 숙제를 조금씩 나누어 그때그때 꾸준히 하는 것, 친구와의 약속 시간을 지키는 것… 이런 단순하고 작은 행동들이 쌓이면 아이는 자신이 '성실하게 행동하는 사람'이라는 정체성을 갖게 됩니다. 그리고 이런 정체성은 다른 사람과의 관계에서 '사회적 신뢰'라는 강력한 무기를 제공합니다.

그렇다면 초등 시기, 아이의 근면성을 길러 줄 수 있는 구체적인 방법은 무엇일까요? 가장 먼저 작은 일부터 끝까지 해내는 경험을 쌓아 주는 게 중요합니다. 이를테면 아이에게 방 청소를 맡길 때 처음부터 완벽하게 하길 기대하기보다, 쓰레기 치우는 것부터 맡기고 잘하면 다음 단계로 확장합니다. 이렇게 점진적으로 완성해 가는 경험을 쌓게 해 주면, 근면성에 대한 자신감이 생깁니다.

약속 시간을 지키는 훈련을 반복해 이를 습관화하는 것 역시 아이의 근면성을 기르는 데 효과적입니다. 친구와의 만남, 가족과의 외출, 심지어 TV 보기 시간도 시작과 끝을 약속하고 지키도록 합니다. 시간 약속은 사회적 신뢰감을 쌓는 데 가장 기본이 되는 요소입니다. 교실에서 보면 수업 시간에 꼭 2~3분씩 늦게 들어오는 아이가 있습니다. 그런 식으로 시간 약속을 지키지 않는 아이 중에 과제 수행을 끝까지 해내는 아이는 그리 많지 않습니다.

결과보다는 과정을 응원하는 것도 중요합니다. 아이가 과제를 하는 중간에 "다 했어?"라고 묻는 대신 "열심히 하고 있네!"라고 말해 주세요. 과정에 대한 긍정적인 피드백은 아이 스스로 꾸준함을 즐기게 합니다.

마찬가지로 완벽함보다 조금 어설프더라도 지속하는 꾸준함을 칭찬해 주세요. 아이가 숙제를 매일 조금씩 했을 때, 결과물이 완벽하지 않더라도 '매일 했다는 사실'을 먼저 칭찬합니다. 꾸준함이 쌓여야 완성도가 높아진다는 걸 알려 주는 것이죠.

부모 역시 근면성을 보여 줘야 합니다. 아이는 부모의 모습을 보고 따라 배웁니다. 부모가 집안일, 직장 일, 약속을 성실히 지키는 모습을 자주 보여 줄수록, 아이는 근면성을 '자연스러운 삶의 방식'으로 받아들입니다.

마지막으로 근면(할 것)을 아이에게 강요하지 말아야 합니다. 근면성을 키운답시고 아이를 과도하게 몰아붙이면 되레 역효과가 납니다. 부지런함에 대한 압박 때문에 아이가 스트레스를 받게 되면, 오히려 대인관계에서 예민해지고 불안해질 수 있습니다. 따라서 근면성 교육은 '압박'이 아니라 '습관화'로 접근하는 것이 좋습니다. "어제 못 했으니 오늘은 두 배로 해"라는 압박보다, "어제는 놓쳤네, 오늘부터 다시 해 보자"라는 태도가 아이의 꾸준함을 지켜 줍니다.

아이의 근면성을 높이기 위해 칭찬과 보상이 필요하긴 하지만, 그것이 전부는 아닙니다. 외부 보상보다 '내가 성실히 해냈다는 기분'이 더 큰 보상임을 아이 스스로 경험하게 해야 합니다. 아이가 스스로 느끼는 성취감이 습관을 지속시키는 에너지가 되기 때문입니다.

매일의 작고 반복되는 행동이 아이의 정체성을 바꾸고, 그 정체성이 다시 사회성에 영향을 미칩니다. 근면성이 있는 아이는 신뢰를 얻고, 신뢰를 얻은 아이는 더 많은 관계의 기회를 가집니다. 그리고 그 관계 속에서 다시 한번 근면성을 발휘하며 선순환을 만들어 갑니다. 그러니 지금 당장 작게라도 꾸준히 무언가를 해 보는 연습을 시작하세요. 그 꾸준함이 결국 아이의 사회성을 지켜 주는 가장 단단한 울타리가 될 테니까요.

공감 능력은 훈련을 통해
갈고닦을 수 있는 기술이다

③ 공감 능력

어떤 아이는 친구가 운동장에서 넘어졌을 때, 눈이 휘둥그레지며 달려와 "괜찮아? 어디 안 다쳤어?"라고 묻습니다. 어떤 아이는 슬쩍 보고 지나치죠. 또 어떤 아이는 친구가 새로 산 필통을 자랑하면 "와, 멋지다!"라며 활짝 웃지만, 어떤 아이는 별것 아니라는 듯 대충 만지면서 "촌스럽네" 하고 차갑게 말합니다. 이런 작은 순간들이 쌓여 아이의 친구 관계, 학급에서의 위치, 나아가 사회성 발달의 격차를 만들어 냅니다. 그리고 그 중심에는 '공감 능력'이 있습니다.

발달심리학에 따르면, 유아기 후반부터 초등 저학년 시기까지는 타인의 감정을 읽고 이해하는 능력이 빠르게 발달합니다. 특히

'마음 이론Theory of Mind'(다른 사람도 나처럼 자기만의 생각·감정·의도를 가질 수 있다는 것을 이해하는 능력)이 자리 잡기 시작하는 이 시기에는, 아이에게 '내 생각'뿐 아니라 '네 생각'을 동시에 상상할 수 있는 능력이 생기게 됩니다. 그러나 이 같은 발달 속도와 깊이는 가정에서 어떤 언어와 태도를 경험했느냐에 따라 크게 달라집니다. 부모가 아이의 감정을 자주 인정하고 언어화해 주는 환경에서는, 아이도 다른 사람의 마음을 자연스럽게 짐작하고 존중하는 법을 익힙니다. 반대로 아이의 감정을 무시하거나 "그 정도 일로 왜 울어?" 같은 반응이 반복되면, 아이 역시 타인의 감정에 무심하거나 둔감해지기 쉽습니다.

반에서 한 친구가 실수로 컵을 떨어뜨렸다고 가정해 봅시다. 어떤 아이는 웃음을 터뜨리며 "야, 너 또 그래?"라고 놀립니다. 또 다른 아이는 말없이 휴지를 가져다주고는 "괜찮아, 나도 그럴 때 있어"라고 말합니다. 두 아이 모두 비슷한 기질을 지녔다고 해도, 이런 행동의 차이는 대부분 가정에서 어떤 경험을 했느냐에 따라 달라집니다. 평소 부모가 '감정을 읽어 주는 언어'를 많이 사용한 가정의 아이는 거의 반사적으로 타인의 마음을 짐작해 행동합니다.

공감 능력은 선천적인 성향이나 재능이 아니라, 충분히 훈련되고 확장될 수 있는 기술입니다. 하지만 '가르치기'나 '훈계'로만 접근하면 효과가 떨어집니다. 아이의 마음속에 공감이라는 씨앗을

심으려면, 부모가 함께 아이가 느끼는 감정을 경험하고 그 경험을 감정의 언어로 연결해 주어야만 합니다. 이를테면 가족이 함께 TV를 보다가 주인공이 울고 있는 장면이 나오면, 그냥 지나치지 말고 "저 사람 표정을 보고 어떤 기분인지 알겠어?" 하고 묻습니다. 아이가 "슬픈 것 같아"라고 대답하면 "왜 슬플까?" 하고 이유를 상상하게 합니다. 이런 간단한 대화가 반복될 때, 아이의 머릿속에는 '타인의 감정을 추론하는 회로'가 연결되고 활성화되기 시작합니다.

가정 내 갈등 상황은 그 자체가 훌륭한 공감 훈련장이 됩니다. 형제가 장난감을 두고 다투는 경우, "네가 화난 이유는 뭐야?" "네가 속상한 이유는 뭐야?" 식으로 차례로 말하게 해 보세요. 그럼 아이는 자기감정을 명확히 인식하는 동시에, 상대방의 이야기를 듣는 연습을 하게 됩니다. 심리학에서는 이를 '정서적 조율emotional attunement'이라고 부르며, 이는 공감 능력의 핵심 기반이 됩니다.

초등학교 2학년 민수는 미술 시간에 친구가 그린 그림을 보고 "이상하게 생겼다"라고 말했습니다. 그 순간 친구는 얼굴이 굳었고, 민수는 친구가 왜 그런 반응을 보이는지 이해하지 못했죠. 민수를 조용히 불러 물었습니다. "만약 네가 그림을 열심히 그렸는데, 친구가 '이상하다'라고 하면 기분이 어떨 것 같아?"라고요. 민수는 잠시 멈칫하다가 "기분 나쁘죠"라고 대답했습니다. 이 짧은 대화가 바로 '인지적 공감'이 이루어지는 순간입니다. 아이가 스스로 상대방의 입장에서 상상해 본 것이지요.

아이의 공감 능력을 키워 주려면, 완벽한 해석이나 답을 제시하기보다 "상대방은 어떻게 느꼈을까?"라는 질문을 자주 던지는 편이 좋습니다. 중요한 건, 아이의 대답이 조금 서툴더라도 바로 정정하거나 평가하지 않고 끝까지 들어 주는 태도입니다. 아이는 그 과정을 통해 '다른 사람의 마음을 이해하려는 시도가 중요하다'라는 메시지를 자연스럽게 배웁니다.

공감 능력을 기르는 또 하나의 좋은 방법은 일상적으로 '감정 인지 대화'를 나누는 것입니다. 하루가 끝난 뒤 아이에게 "오늘 학교에서 제일 기분 좋았던 일은 뭐야?" "누가 너를 웃게 만들었어?" "혹시 속상하게 한 사람은 있었어?" 등을 묻는 겁니다. 아이가 답을 하면 부모도 자신의 하루를 나눕니다. 이런 대화는 '감정을 나누는 것이 자연스러운 문화'라는 감각을 가정 안에 자리 잡게 합니다.

학교 현장에서도 공감 능력이 높은 아이는 눈에 띕니다. 친구가 발표하다가 실수했을 때 웃지 않고 "괜찮아"라고 속삭여 주거나, 아픈데도 말을 못하고 망설이는 친구를 대신해 선생님께 그 친구의 아픈 상황을 말해 줍니다. 이런 아이는 학급에서 신뢰를 얻고, 문제 상황이 생겨도 친구들이 기꺼이 도와줍니다. 반대로 공감 능력이 낮은 아이는 종종 "이기적이다" "재수 없다"라는 말을 듣고, 자신도 왜 친구 관계가 힘든지 알지 못한 채 괴로워합니다.

공감 능력은 단순히 '착한 아이'를 만드는 데 그치지 않습니다. 다른 사람의 마음을 이해하는 능력은 장기적으로 새로운 환경에 적응하고 다양한 사람과 협력하며, 갈등을 부드럽게 조율하는 힘을 길러 줍니다.

물론 이 같은 공감 능력은 하루아침에 완성되지 않습니다. 부모가 일상 속에서 아이의 감정을 존중하는 언어를 사용하고, 타인의 입장을 상상하는 질문을 던지고, 실수와 갈등을 함께 복기하는 시간을 꾸준히 가질 때, 아이는 '나는 다른 사람의 마음을 궁금해하는 사람'이라는 자기 정체성을 갖게 됩니다. 이 정체성이야말로, 사회성을 더 깊고 넓게 자라게 하는 좋은 바탕이 됩니다.

상황에 맞게 감정을
표현할 줄 알아야 한다

④ 자기조절

쉬는 시간, 반에서 인기 있는 보드게임을 하던 준호는 조금만 더 기다리면 자기 차례가 돌아오는 상황에서 갑자기 표정이 굳어졌습니다. 친구가 실수로 말을 잘못 움직였다는 생각이 들었기 때문입니다. 준호는 더 기다릴 것도 없다는 듯이 "그거 아니잖아!" 하고 큰 소리로 버럭 화를 내 버렸습니다. 친구가 당황해 뭔가를 설명하려 했지만, 준호는 말을 자르며 손으로 보드게임 판의 말들을 확 치워 버렸습니다. 순간 화를 참지 못한 준호의 행동은 그 자리의 분위기를 차갑게 만들었고, 결국 게임은 그대로 끝나고 말았죠. 함께하던 상대편 아이 하나가 준호 몰래 쑥덕거리며 말합니다. "점심시간에 준호 말고 다른 애 데리고 와”라고 말이지요. 이 장면은 자기조절력이 부족할 때 벌어질 수 있는 전형적인 상황입니다.

자기조절은 단순히 화를 ‘꾹’ 참는 능력이 아닙니다. 순간적인 감정, 충동, 욕구를 스스로 인식하고, 그것을 조율하여 상황에 맞는 행동을 선택하는 힘이지요. 아이가 자기조절을 잘하면 갈등 상황에서도 감정의 파도에 휩쓸리지 않고 관계를 이어 갈 수 있습니다. 반대로 자기조절력이 약하면 작은 오해나 불편함이 곧바로 감정의 폭발로 이어져 친구 관계나 학급 생활이 불안정해집니다.

자기조절self-control과 의지력willpower연구로 유명한 미국의 사회심리학자 로이 바우마이스터Roy Baumeister는 자기조절력을 ‘근육’에 비유합니다. 근육처럼 자기조절력도 사용할수록, 단련할수록 강해지지만, 과도하게 쓰면 쉽게 지친다는 것이지요. 하루 종일 자기 감정을 꾹 참기만 한 아이가 저녁 무렵 사소한 일에도 폭발하는 이유가 바로 여기에 있습니다. 따라서 부모와 교사는 아이에게 자기조절을 연습할 기회를 주되, 이로부터 회복할 수 있는 ‘정서적 휴식 시간’을 반드시 함께 마련해야 합니다. 예를 들어 숙제를 한 시간 내내 하도록 두기보다, 30~40분 집중해서 숙제를 한 후 5분 동안 쉬는 방식을 반복하는 편이 훨씬 효과적입니다.

‘근접발달영역ZPD’을 개념화시킨 러시아의 심리학자 레프 비고츠키Lev Vygotsky는 자기조절 발달을 ‘사회적 상호작용’ 속에서 설명했습니다. 처음에는 부모나 교사의 언어적 안내("천천히 숨 쉬고 생각해 보자")가 외부에서 제공되지만, 몇 번인가 반복되는 과정에서 이는 아이의 내부 언어로 전환되어 아이가 스스로를 조율하게 됩니다. 결국 자기조절은 혼자만의 고립된 훈련이 아니라, 관계와 대화를 통해 길러지는 능력인 것이지요.

많은 부모가 "화를 참아야지"라고 가르치지만, 사실 자기조절의 본질은 감정을 억누르는 것이 아니라 감정을 정확히 인식하고, 상황에 맞게 표현하는 길을 찾는 것입니다. 예를 들어 아이가 놀이터에서 미끄럼틀을 타려는데 친구가 계속 자리를 차지하고 있는 상황을 가정해 봅시다. 이때 아이에게 그냥 참으라고만 하면 아이로서도 불만이 쌓입니다. 대신 "네가 미끄럼틀을 타려면 몇 분 기다려야 할까?" 하고 예측하게 한 뒤, 그동안 다른 놀이를 제안하면 이 자체가 감정을 조율하는 경험이 됩니다.

4학년 지현이는 학교에서 친구가 장난을 걸면 바로 화를 내는 습관이 있었습니다. 지현이와 면담을 하면서 앞으로는 화가 날 때 '속으로 셋을 세고 대답하기'라는 규칙을 정해 주었죠. 가정에서도 같은 방법을 시도해 봤으면 좋겠다는 안내를 드렸고요. 처음엔 숫자를 세는 동안 화가 더 나 보이기도 했지만, 한 학기가 지날 즈음 지현이는 "그렇게 하니까 싸움이 덜 나네요"라고 피식 웃으며 말했습니다. 본인 생각에도 스스로를 조절하는 자신이 나름 대견했던 거예요. 이렇듯 작은 규칙과 반복 훈련이 자기조절의 기초를 다지는 데 도움이 됩니다.

부모가 보여 주는 "엄마 지금 기분이 안 좋아서 잠깐 숨 고르고 이야기할게"라고 말하는 행동은, 아이가 참고하기 좋은 훌륭한 자기조절의 표본이 됩니다. 감정을 억누르기보다 안전하고 정확하게 표현하는 모습을 반복해서 보여 주면, 아이는 자연스럽게 그 방식을 자신의 것으로 만듭니다.

민수는 축구 시합에서 실점하면 화를 참지 못하고 공을 멀리 차 버리곤 했습니다. 얼굴이 벌게져서는 욕을 쏟아 내기 바빴죠. 아이들은 당연히 민수와의 경기를 부담스러워했습니다. 분명 축구를 하기 위해 모였다가도 민수가 오면, "야 우리 잡기 놀이하자!"라면서 우르르 운동장 놀이터로 가 버렸습니다. 그래서 민수에게 축구 게임에서 실점을 하더라도 공을 차 버리는 대신 자기 신발에 묻은 먼지를 손으로 털라고 알려 주었습니다. 불쑥 올라오는 감정에 사로잡히는 대신, 신발의 먼지를 터는 행위로 주의를 분산시키기 위해서였죠. 화난 감정은 단순히 참는다고 해결되지 않습니다. 그 순간 감정의 방향을 전환할 적절한 행위를 해야 화가 올라오려다가도 수그러들게 되는 것이지요. 처음엔 잘되지 않았는지 꽤 고생을 했지만, 한 학기가 지날 즈음 어느새 친구들과 다시 축구를 하고 있는 민수의 모습을 보게 되었습니다. 여전히 시합에서 지면 신발의 먼지를 털고 있었지만요.

자기조절력은 작은 상황에서부터 점진적으로 확장해야 합니다. 처음부터 큰 갈등 상황에서 완벽하게 자신의 감정을 조절하기란 다 큰 성인에게도 어려운 일입니다. 간식 고르기, 게임 순서 정하기 같은 단순한 선택 상황에서부터 시작해 주세요. 그런 다음 서서히 놀이 규칙을 두고 충돌하는 상황이나 팀 프로젝트에서 의견이 달라 다투는 상황처럼 더 복잡한 상황으로 넓혀 가야 합니다.

작은 성공 경험이 쌓이면 아이는 자기조절을 긍정적인 능력으로 인식하게 됩니다. 예를 들어, 기다림 끝에 친구와 원하는 놀이를 함께할 수 있었던 경험, 화를 참고 대화를 이어 간 끝에 오해가 풀렸던 경험 등은 아이에게 '자기 기분과 감정을 조절하면 더 좋은 결과가 온다'라는 믿음을 심어 줍니다.

자기조절은 아이의 사회적 관계를 지켜 주는 보이지 않는 안전벨트입니다. 순간적인 감정이나 욕구에 휩쓸리지 않고, 관계를 유지하며 더 넓은 사회로 나아가는 힘이지요. 오늘부터 작은 기다림, 감정 인정, 그리고 이를 정확하고 안전하게 표현하는 훈련을 반복해 주세요. 부모의 꾸준한 관심과 모델링 속에서, 아이의 자기조절력은 더 단단하게 자라날 것입니다.

가정에서 실천할 수 있는
아이의 자기조절력 향상 전략

① 감정 라벨링

아이가 "짜증 나"라고 하면 "속상하다는 거구나" 하고 감정을 구체적인 언어로 바꿔 준다.

② 짧게 숨 고르는 습관 들이기

즉흥적인 대답을 하기 전 '3초 멈춤' 또는 '다섯 번 숨 고르기' 규칙을 정한다.

③ 회복 시간 확보

감정 조절은 에너지 소모가 크므로 연습 후 반드시 짧은 휴식을 갖게 한다.

④ 부모의 모델링

부모가 먼저 자기감정을 안전하게 표현하고 조절하는 모습을 보인다.

⑤ 작은 도전과 칭찬

짧게라도 아이가 자기 기분과 감정을 스스로 잘 조절하는 데 성공하면 즉시 인정하고 구체적으로 칭찬한다.

규칙은 나와 타인을 지키기 위한 선택이다

⑤ 규칙 준수

규칙을 지키지 못하거나 자신의 방식대로 규칙을 바꾸는 아이가 한 반에 몇 명씩은 꼭 있지요. 이런 아이들은 친구들과 갈등이 생기기 쉽습니다. 이를테면 운동장에서 줄을 서야 하는 상황에서 새치기를 하거나, 축구 게임 중 심판의 판정을 무시하고 마음대로 행동하는 경우가 그렇습니다. 담임 입장에서는 한 학급에 많은 아이들이 있기에, 주목할 만큼 큰 문제를 일으키지 않으면 그냥 관찰하는 정도로 끝나는 경우도 많습니다. 그러나 그 아이의 개인적인 발달 과정 측면에서 본다면, 이처럼 규칙을 존중하지 않는 태도는 사회적 관계 형성과 자기조절능력에 부정적인 영향을 미칠 게 불을 보듯 뻔하죠.

　규칙을 지키는 능력, 즉 '규칙 준수'는 단순한 순응만을 의미하지 않습니다. 이는 외려 자신의 욕구와 타인의 기대 사이에서 균형을 잡는 능력에 가깝습니다. 에릭슨은 아동 발달 과정 중 '주도성 대 죄책감' 단계에서 아이가 자신의 행동을 조절하고 규칙을 이해하며 사회적 책임감을 배우게 된다고 설명합니다. 이 시기에 규칙을 지키면서도 스스로 선택할 수 있는 경험이 부족하면, 아이는 타인과의 관계에서 충돌을 일으키거나 사회적 자신감을 잃을 수 있습니다.

　앨버트 밴듀라의 사회학습이론에 따르면, 아이는 관찰과 모방을 통해 사회적 규칙과 행동을 학습합니다. 부모나 또래가 규칙을 지키고 그 끝에 긍정적인 경험을 보여 줄 때, 아이는 자연스럽게 규칙 준수 행동을 내면화하게 됩니다.

　규칙을 지키지 못하는 아이들에게 나타나는 문제는 안전에도 영향을 줍니다. 지훈이는 과학 시간에 실험 도구를 놀이 도구처럼 다루고, 안전 규칙보다는 자신의 재미와 흥미를 더 중시하곤 했지요. 보호안경을 쓰지 않고 약품을 흔들거나, 시험관을 친구 쪽으로 향하게 하면서 혼자 웃고 즐기기를 반복했습니다. 이런 행동으로 인해 한 친구의 눈에 약품이 튀는 사고가 발생했지요. 친구들은 점점 지훈이와 함께 실험을 하는 것을 피하게 되었습니다. 지훈이가 같은 실험 모둠이 되면 한숨 쉬며 "이번 실험 망했네"라고 했죠. 실험실 규칙을 지키지 않는 지훈이는 실험하는 동안 과학실 문 옆에 서서 다른 친구들이 실험하는 모습을 바라보는 일이 늘었습니다. 지훈이의 보호자에게 상황을 설명해도 "우리 지훈이가 호기심이 많고 창의적이라서요"라는 답변만 돌아올 뿐이었습니다. 안타깝지만 지훈이는 호기심과 창의적인 성향 때문이 아니라, 규칙과 질서를 이해하고 지키는 방법을 배우지 못했을 뿐입니다. 더불어 자신의 즐거움이 타인에게 어떤 피해를 줄 수 있는지도 인지하지 못했고요. 이는 지훈이의 사회적 관계에도 영향을 미쳐 친구들과 함께 협력하거나 신뢰를 쌓는 능력이 제한되는 결과로 이어졌습니다. 그러니 규칙과 질서는 단순한 제약이 아니라, 타인의 안전을 지키고 타인으로부터 신뢰받기 위한 사회적 장치라는 점을 부모와 교사가 명확히 알려 줄 필요가 있습니다.

가정에서 부모가 할 수 있는 첫 번째 실천은 '일관성 있는 규칙 경험을 제공하는 것'입니다. 이때 아이가 해야 할 일과 하지 말아야 할 일을 명확하게 구분하고, 매번 같은 방식으로 안내하는 것이 중요합니다. 예를 들어, 가족 식사 시간에는 모두 함께 앉아 밥을 먹고, 식사가 끝난 다음에는 각자 자리와 식탁을 정리한다는 규칙을 세운 뒤, 가족 모두가 매일 실천하도록 지도합니다. 이렇게 가족구성원 모두가 함께 지키는 규칙을 반복해서 경험할 때, 아이는 규칙을 일방적인 명령이 아닌 '공동체 속 약속'으로 이해하게 됩니다.

규칙 준수를 지도할 때 긍정적인 피드백과 선택권을 제공하는 게 무엇보다 중요합니다. 아이가 규칙을 지키지 못했을 때 단순히 꾸중만 하기보다, 왜 규칙이 필요한지, 규칙을 지켰을 때 어떤 긍정적 결과가 따라오는지를 함께 이야기하면 좋습니다. 이를테면 식사 시간에 떠드는 아이에게 "조용히 먹어야 한다"라고만 말하지 말고 "조용히 먹으면 옆 사람과 함께 맛있게 먹을 수 있어"라고 설명해 주면 아이가 규칙의 의미를 이해하고 자발적으로 준수할 가능성이 높아집니다.

가정에서 간단한 규칙이 있는 놀이를 만들어 아이가 규칙을 직접 경험하게 하는 방법도 효과적입니다. 일명 규칙 게임이랄까요. 예를 들어 보호자와 아이, 혹은 형제나 자매끼리 번갈아 블록을 쌓으며 '한 번에 한 블록씩만 쌓는다'라는 규칙을 지키게 합니다. 아이가 규칙을 지킬 때마다 칭찬과 피드백을 주고, 이를 어길 경우 어떤 결과가 있는지 자연스럽게 보여 줍니다. 이러한 경험은 아이가 사회적 상황에서 다른 사람과 협력하고 갈등을 피하며 규칙을 이해하는 능력을 높여 줍니다.

규칙 준수와 사회성은 긴밀하게 연결되어 있습니다. 규칙을 지킬 줄 아는 아이는 친구들과 갈등을 빚지 않고, 신뢰 관계를 형성하며 공동체 안에서 자신의 역할을 이해합니다. 반대로 반복적으로 규칙을 어기는 아이는 친구들과 마찰이 잦고, 관계에서 소외될 가능성이 높습니다. 따라서 가정에서 부모가 꾸준히 작은 규칙 경험을 제공하고, 아이가 스스로 선택하고 행동할 기회를 주는 것이 중요합니다.

무엇보다 규칙 준수를 지도할 땐 조급해해서는 안 됩니다. 아이가 처음부터 완벽하게 규칙을 지킬 수는 없습니다. 그보다는 매일 반복되는 일상 속에서 규칙을 경험하고, 부모의 일관된 피드백을 통해 아이가 조금씩 자신과 타인의 기대를 조절하며 행동할 수 있도록 도와주세요. 이러한 경험이 쌓이면 아이는 자연스럽게 규칙을 내면화하고, 사회적 상황에서 유연하게 적용할 수 있습니다. 이 과정에서 부모가 함께 놀이에 참여하거나 일상의 활동 속 규칙을 점검하며 긍정적인 피드백을 제공하면, 아이는 규칙을 단순한 강요가 아닌 자신과 타인을 위한 선택으로 이해하게 됩니다.

규칙을 지키는 능력은 단순한 행동 통제를 넘어, 사회적 관계 형성과 자기조절, 공감 능력과도 연결되는 핵심역량입니다. 또한 규칙 준수는 아이의 사회성뿐 아니라 자기효능감과 자아존중감에도 큰 영향을 주는 중요한 요소입니다. 규칙을 이해하고 따르는 아이는 타인과 협동해야 하는 상황에서 더 안정적이고 신뢰받는 역할을 수행할 수 있습니다. 이러한 경험은 갈등 상황에서도 적절히 대응하고, 친구들과 상호작용할 때 자신과 타인을 존중하는 행동으로 이어집니다.

아이의 사회성 발달을 돕는 초등 시기별 부모의 역할

사회성은 타고나는 기질과 성향에 영향을 받지만, 성장과정에서의 경험, 관계, 환경에 따라 달라질 수 있는, 발달 가능성이 큰 영역입니다. 초등 시기는 그 기초를 다지는 결정적인 시기이며, 부모가 어떤 마음가짐과 태도로 접근하느냐에 따라 아이의 대인관계 기술, 감정 조절 능력, 자기 주도성에 큰 차이가 생깁니다.

정신분석 측면에서 보자면, 인간의 발달 과정에는 각 시기마다 해결해야 하는 '심리적 과제'가 있습니다. 이를 잘 해결하면 다음 발달단계로 자연스럽게 넘어갈 수 있지만, 그렇지 못하면 사회성과 정서발달 전반에 부정적인 영향을 미칩니다. 라캉의 이론을 적용하면, 초등 시기는 '상징계Symbolic Order' 속에서 살아가는 시기입니다. 상징계는 아이가 언어, 규칙, 사회적 질서를 배우며 자신을 사회의 한 구성원으로 인식하는 과정이지요. 아이가 규칙과 역할을 이해하는 것은 단순한 훈련이 아니라, '나와 타인'의 관계를 언어와 약속을 통해 구성해 가는 심리적 작업입니다. 따라서 부모의 지도는 단순히 "이렇게 해라"가 아닌, 아이가 그 규칙의 의미를 이해하고 '내 것'으로 받아들일 수 있게 하는 데 초점이 맞춰져야 합니다.

초등 저학년(1~2학년) 아이들은 자아의 경계가 부모와 완전히 독립되지 않은 까닭에 가정에서의 관계 패턴과 감정 반응 방식이 거의 그대로 또래 관계로 이어지는 경우가 많습니다. 아이가 어릴 땐 부모가 자주 개입해 친구를 대신 선택해 주거나, 직접 나서서 대신 문제를 해결해 주는 경우가 많지만, 이 시기부터는 '관계의 주도권'을 서서히 아이에게 넘겨주는 편이 좋습니다.

라캉의 관점에서 초등 저학년 아이는 상상계(자신과 타인의 이미지를 마음속에서 상상하며 관계를 이해하는 단계)와 상징계(언어, 규칙, 사회적 질서를 배우며 사회 속 자신의 위치를 인식하는 단계)를 오가며, '타인의 시선 속에 비친 나'를 형성하는 과정에 있습니다. 따라서 부모가 주는 피드백은 단순한 칭찬이나 지적이 아니라 "너는 어떻게 느꼈어?" "그럴 땐 어떻게 하고 싶어?"처럼 아이 스스로 자신의 감정과 선택을 언어로 표현하도록 돕는 것이어야 합니다.

이 시기(저학년)의 핵심과제는 부모의 슬하(심리적 '안전 기지')에서 안정감을 느끼면서도, 작은 사회에서 자율적으로 움직일 수 있는 기반을 만드는 것입니다. 예를 들어, 아이가 또래들끼리의 모임에서 어울리지 못했다고 해도 부모가 바로 해결책을 주기보다, 아이가 스스로 접근방법을 고민하고 시도하게끔 하는 것이지요. 그러니 아이에게 말로, 또 행동으로 '실패를 경험해도 괜찮다'라는 메시지를 보내 주세요.

초등 중학년(3~4학년)이 되면 사회성의 폭이 넓어지고, 집단 속에서 자기 역할과 규칙을 이해하는 능력이 발달합니다. 라캉의 상징계 관점에서 이 시기는 '사회적 언어'를 본격적으로 습득하는 단계입니다. 규칙과 역할을 단순히 외우는 데 그치지 않고, 그것이 공동체를 유지하는 약속임을 이해하는 거죠. 초등 3~4학년 부모에게 요구되는 역할은 '조율자'입니다. 갈등 상황에서 내 아이만 옹호하거나 반대로 무조건 참으라고 하는 대신, 양쪽 입장을 중립적으로 해석해 주고, 서로의 감정을 인정할 수 있도록 도와야 합니다. 이때 명심해야 할 부분은 아이가 규칙을 어겼을 때 그에 따른 결과를 경험하게 하되, 인격을 비난하지 않고 행동 자체에만 피드백을 주는 것입니다.

초등 고학년(5~6학년)은 자율성과 독립심이 뚜렷해지고, 부모보다 또래의 영향력이 강해지는 시기입니다. 정신분석학적으로는 청소년기로 넘어가기 전, 동일시와 자아 정체감의 준비 단계입니다. 이 시기에 겪는 관계 문제는 표면적으로는 단순한 친구 문제 같아 보여도, 실제로는 '나는 누구인가?'라는 자기 정체성 탐색과 연결된 경우가 많습니다.

라캉의 시각에서 초등 고학년은 상징계의 질서 안에서 자신이 속한 위치를 탐색하는 동시에, 그 틀을 넘어 새로운 가능성을 시험하려는 시기입니다. 이때 부모에게 요구되는 역할은 '후방지원군'입니다. 아이가 선택한 관계나 활동을 존중하고, 그 선택의 결과를 직접 경험하게 하되, 실패했을 때 감정적으로 안전하게 회복할 수 있는 울타리를 제공해야 합니다.

초등 저학년 시기에는 부모의 보호와 지지, 중학년 시기에는 조율과 협력, 고학년 시기에는 신뢰와 자율성이 아이의 사회성 발달의 큰 비중을 차지합니다. 프로이트와 라캉의 발달 이론이 공통으로 말하듯, 부모가 각 발달단계의 심리적 과제를 이해하고 이를 지원해 준다면, 아이는 또래 관계 속에서 자신감을 키우고 사회적 관계를 건강하게 확장해 나갈 수 있습니다. 사회성은 단순한 성격 문제가 아니라, 평생에 걸쳐 아이의 관계 능력과 삶의 만족도를 결정짓는 중요한 기반이 됩니다.

Class
Room

Chapter 2

교실 속 내 아이는
지금 어떤 모습일까?

아이가 홀로 무언가에 몰두하면서 놀고 있는 것 자체는 문제가 되지 않습니다. 경우에 따라서는 한 가지 분야에 뛰어난 성과를 보일 수 있지요. 여기서 말하려는 아이는 혼자 '잘 노는 아이'를 의미하는 게 아닙니다. 주로 혼자 있는 까닭에 사회·정서적으로 문제가 생길 수 있는 아이를 의미하는 겁니다.

대체로 한 학급에 한두 명 꼴로 혼자 노는 아이가 있습니다. 워낙 조용히 혼자 있기에 타인으로부터 관심이나 주목을 받지는 못하는 아이. 딱히 어떤 문제를 일으키지는 않기 때문에 외려 말썽을 피우는 아이보다 관심을 덜 받기도 합니다. 담임 입장에서 보면 '학급 내에서 크게 신경 쓰지 않아도 별 탈 없는 안전한 아이' 정도로 인식될 가능성이 높지요. 겉보기엔 안정적으로 보이지만, 실제로는 친구 관계에서 소외되거나 정서적으로 고립된 상황일지도 모릅니다. 특히 '혼자 있고 싶어서'가 아니라 '같이 놀고 싶은데 잘 안 되는' 아이라면 어른들의 적극적인 개입이 필요합니다. 그러지 않을 경우, 아이의 자아존재감 형성에 문제가 생길 수도 있으니까요.

혹시 우리 아이가 내향적인 성격이라 혼자 노는 거라고 생각하시나요? 하지만 내향적인 아이들도 대부분 어느 정도는 타인과 관계를 맺으며 살아갑니다. 단지 관계 맺기의 넓이나 폭이 외향적인 아이들과 차이가 날 뿐이지요. 내향적이면서도 관계성이 좋은 아이들은 얼마든지 존재합니다. 이들은 소수의 몇 명과 깊은 관계를 맺으며 자기 내면을 드러내고, 관계 안에서 듣기를 잘할 뿐만 아니라 상대방의 감정을 기민하게 파악합니다.

혼자인 아이들의 배경은 무척 다양합니다. 대표적으로 네 가지 유형을 들 수 있는데, 첫 번째로는 '애착 결핍형'입니다. 유아기에 보호자와 불안정한 애착 관계를 형성한 탓에 타인에 대한 신뢰감이 약한 경우죠. 두 번째로는 '관계 불안형'입니다. 상처받을까 봐 먼저 거리를 두는 경우입니다. 대개 애착 결핍형 아이들이 관계 불안형으로 이어지는 경향을 보입니다. 세 번째로는 '밀착 양육형'이 있습니다. 성장하면서 적절한 분리 경험을 해야 하는데, 부모와 지나치게 밀착돼 친구에게 마음을 쓸 여유가 없는, 굳이 친구 관계 속으로 들어갈 필요성을 못 느끼는 경우가 이에 해당됩니다. 마지막으로는 '사회적 기술 부족형'을 들 수 있습니다. 이 아이들의 경우, 대체로 친구와 무엇을 어떻게 공유해야 하는지 모릅니다.

애착 결핍형, 그리고 이로 인해 파생된 관계 불안형 아이들의 경우, 엄마 뱃속에 혼자 있듯이, 세상 속에서도 엄마 뱃속을 그리워하면서 '홀로 있기'를 선택합니다. 타인에 대한 신뢰감이 없기 때문에 타인과 관계 맺을 기회가 왔을 때도 방어부터 합니다. 한 아이가 종이를 접어서 예쁜 꽃을 만든 경우를 상정해 봅시다. 그걸 본 다른 아이가 "와 대단하다"라면서 잠깐만 보여 달라 합니다. 일반적인 경우, 말없이 쓱 보여 주고 어떻게 만드는지 알려 주는 수순으로 교류가 시작됩니다. 그렇게 서로 자신이 가진 것들을 드러내면서 친해지는 거죠. 하지만 애착 결핍형이나 관계 불안형 아이들의 경우, 방어기제가 더 크게 작용합니다. 종이꽃을 서랍 속에 넣으며 '보여 주기 싫다'라는 분위기를 풍깁니다. 친구와 눈도 마주치지 않고요. 그런 일이 몇 번 반복되면 더 이상 다가오는 아이가 없어지지요.

이때 부모가 절대 해서는 안 되는 것부터 미리 말씀드립니다. 이를테면 아이에게 젤리 같은 간식을 한 봉지 사 주면서 학교 친구들에게 나눠 주고 오라는 경우가 있는데, 이는 우리 아이에게도 그 친구들에게도 결코 바람직하지 않습니다. 그건 우리 아이가 만든 게 아니기 때문입니다. '나로부터 기인된 무언가'를 친구들과 서로 공유해야 내 존재를 스스로 인정하면서 자신감도 붙고, 자기 자신에 대한 신뢰감도 조금씩 올라가는 거예요. 그리고 나로부터 기인된 무언가를 주고받는 과정에서 아이는 친구들이 보내 주는 시선을 통해 타인에 대한 신뢰감을 경험하고 또 확장해 갑니다. 이때 아이들에게 필요한 건 엄마가 사 준 젤리 한 봉지가 아닌, '타인의 시선'입니다. 엄마가 준 젤리 한 봉지에 친구들은 분명 관심을 보이며 다가오겠지만, 이는 아이 자체에 대한 관심에서 비롯된 것이 아닙니다. 아이들은 이런 친구들의 모습을 보면서 '내가 젤리 한 봉지보다도 못한 존재인가' 하고 외려 더욱 소외감을 느끼게 될 가능성이 큽니다.

그러니 애착 결핍형과 관계 불안형 아이들의 경우 일단 신뢰감을 회복하는 것에서부터 시작해야 합니다. 그러자면 아이의 욕구나 감정에 민감하게 반응할 필요가 있습니다. 이는 아이의 욕구나 감정을 무조건 들어주라는 말이 아닙니다. 아이가 어떤 욕구를 느끼고 있는지, 어떤 감정을 느끼고 있는지 부모가 기민하게 알아차려야 한다는 겁니다. 아이와 시선을 맞추면서 아이의 이야기에 공감해 주고, 필요한 것을 채워 주고, 만일 채워 주면 안 되는 것들이나 안전 면에서 위험한 사항들이라면 안 된다고 말해 주고, 그에 따른 적절한 조치가 바로바로 이뤄지는 것. 이런 과정에서 아이는 신뢰감을 서서히 회복하게 됩니다. 신뢰감이 형성되지 않는 건 뭔가를 해 주지 않아서가 아니라, 아무런 반응이 없어서입니다. 나의 생각과 감정 그리고 행동들에 누군가 적절한 피드백과 도움 그리고 훈육이 지속될 때 아이는 자신이 안전하다고 느끼고 신뢰 관계를 형성해 나갈 수 있습니다.

그럼 이제 '밀착 양육'으로 인해 혼자 노는 아이의 경우를 살펴보겠습니다. 이 아이들의 특징은 다른 아이들이 좀처럼 접근을 안 한다는 점입니다. 왜 그럴까요? 뭔가 어색하고 공감대가 잘 형성되지 않기 때문입니다. 약간 경직되어 있는, 어깨에 힘이 너무 들어가 있는 그런 모습이랄까요. 이 경우, 부모와의 밀착 관계를 조금 느슨하게 할 필요가 있어요. 특히 고학년인데도 엄마나 아빠와 너무 밀착된 관계를 맺고 있으면 다른 친구들과 공유할 심리적 공간이 턱없이 부족해집니다. 다른 친구의 마음도 읽고, 그들이 뭘 좋아하고 어떤 감정을 느끼는지 직감적으로 알아차리고 반응해야 하는데, 완벽하게 짜인 부모님과의 밀착 관계에 지나치게 익숙해지면 주변 친구들의 마음을 읽을 여유도, 능력도 부족해집니다. 컴퓨터로 치면 어떤 프로그램을 돌리려는데 워낙 대용량이라 다른 프로그램은 버그가 나는 현상과 비슷한 이치랄까요.

이 경우, 부모는 우선 친구 관계에 대한 조언을 멈춰야 합니다.

뭔가 잘못 알려 주고 있을 가능성이 높거든요. 또 친구랑 너무 놀고 싶은데, 놀지 못하거나 다가가기 어려워하는 아이를 위로해 주세요. 다만 "정 힘들면 그냥 혼자 노는 것도 괜찮아" 같은 말은 해서는 안 됩니다. 아이가 친구랑 놀고 싶어 하는데, 부모가 혼자 노는 것도 괜찮다고 말하는 건 짜장면이 먹고 싶다는 아이에게 우동도 맛있으니 우동을 먹으라고 하는 것과 마찬가지예요. 친구랑 놀고 싶은데 그게 잘 안 되는 아이들은 부모와의 밀착 관계에서 벗어나 타인의 감정을 읽는 연습부터 시작해야 합니다. 무언가를 공유하는 일은 그다음이고요. 타인의 감정을 읽지 못하는 한 진정한 의미에서 친구를 사귀는 건 어렵습니다.

마지막으로 '사회적 기술 부족'으로 혼자인 아이에 대해 살펴보겠습니다. 이 경우, 의외로 해결책은 단순합니다. 이러한 아이에게 필요한 것은 일상을 공유하는 일입니다. 다른 아이와 억지로 같이 놀게 해 주려 애쓰는 것이 먼저가 아닙니다. 그보다는 풀, 가위, 색종이 같은 준비물을 친구랑 나눠 쓰라고 평소에 알려 주세요. 학용품 등을 서로 빌려 쓰는 과정에서 아이들은 자연스럽게 서로 소통할 수밖에 없고, 그러다 보면 같이 놀 기회도 생깁니다. 같이 논다는 게 꼭 무슨 놀이를 하는 걸 의미하지는 않습니다. 아이들이 서로 작고 사소한 것들을 주고받는 감정의 교류 자체가 일종의 놀이와 크게 다르지 않거든요.

교실에서 혼자 있는 아이 대응 가이드

① 아이의 감정과 욕구를 먼저 알아차린다

친구와 놀고 싶은데 잘 안 되는 경우와, 혼자 노는 것을 즐기는 경우는 다르다. 표정, 말, 행동을 통해 아이의 현재 감정과 욕구를 먼저 파악해야한다.

② 아이와 신뢰를 쌓는 대화를 지속한다

눈을 맞추고 아이의 말과 감정에 공감하며, 필요한 것은 적절히 채워 주고, 해서는 안 되는 것은 이유를 설명하며 대안을 제시한다. 일관된 반응이 신뢰 형성의 핵심임을 잊지 말자.

③ 아이 스스로 만든 것을 친구들과 공유하도록 장려한다

그림, 공작, 글쓰기 등 아이가 직접 만든 결과물을 친구에게 보여 주거나 알려 주는 경험이 아이의 자아존중감과 타인에 대한 신뢰감을 키운다.

④ 친구와 억지로 놀기보다 작은 '공유'부터 시작하게 한다

풀, 가위, 색종이 등 학용품을 빌리고 나누는 사소한 행동이 자연스러운 관계 형성의 첫걸음이 된다.

⑤ 부모와의 과도한 밀착 관계를 점검한다

특히 고학년의 경우, 부모와 지나치게 밀착되어 있으면 친구 관계에 쓸 심리적 에너지가 부족해질 수밖에 없다. 부모와 떨어져 타인의 감정을 읽을 시간적·심리적 여유를 주자.

⑥ 타인의 감정을 읽는 연습을 한다

"그때 친구가 어떤 기분이었을까?" 같은 질문을 던져 아이로 하여금 타인의 감정을 추측해 보게 한다. 감정 읽기 능력은 사회성을 키우는 핵심 역량이다.

보이지 않는
왕따

: 누구에게나 언제든 생길 수 있는 일

삼성서울병원 정신건강의학과 전홍진 교수 연구팀의 '우울증 발병 관련 분석' 결과에 따르면 성인이 된 이후로 발병한 우울증과 가장 큰 연관성을 보인 트라우마가 있는데, 어릴 적 왕따를 당한 경험으로 생긴 트라우마가 바로 그렇습니다. 어린 시절 왕따를 당한 아이는 그렇지 않은 아이보다 우울증을 겪게 될 확률이 약 1.84배 높은 것으로 나옵니다. 많은 경우, 왕따는 다양한 폭력(사건)으로 이어지기 때문에 초등 시기에만 영향을 미치고 마는 게 아닌, 전 생애에 걸쳐 아이에게 지속적으로 영향을 줄 수 있는 무거운 사안입니다.

욕설이나 신체 폭력은 그나마 친구나 주변 어른들에게 노출이 되기도 하는데, 왕따의 경우 드러나지 않게 진행되는 경우가 많아 주의가 필요합니다. 이제 대놓고 왕따시키는 경우는 거의 없습니다. 그런 건 바로 선생님께 제재받을 테니까요. 안타깝지만 '이게 왕따였구나'라고 알아차린 뒤에는 이미 왕따 행위가 상당 기간 지속되어 아이가 피해를 입고 난 후입니다.

처음에는 네다섯 명의 아이들로부터 시작됩니다. 이 네다섯 명의 아이들이 교실에 있는 혹은 학원에 있는 한 친구를 '오염'되었다고 정합니다. 그러면 그 오염되었다고 낙인 찍힌 친구가 그날 하루 만지거나 지나간 곳을 다른 아이들이 피하는 거죠. 만일 오염되었다고 하는 친구가 아침에 교실 앞문으로 들어왔다면, 그날 왕따를 주도하는 네다섯 명의 아이들은 서로 말을 하지 않아도 앞문으로 다니지 않습니다. 만약 그 친구와 접촉하면, 조용히 화장실에 가서 손을 씻습니다. 손을 씻고 와서 이를 서로에게 인증하지 않으면 다음 날 본인이 '오염'된 친구 취급을 받게 되지요. 이게 처음에는 네다섯 명으로 시작하지만, 시간이 지날수록 피해 학생만 모른 채 더 많은 아이들이 이런 놀이에 가담합니다. 왠지 모르게 학급에서 자기를 멀리하는 것 같은 상황을 의식하게 되면, 곧이어 이미 꽤 많은 아이들이(심지어 자기랑 친했던 친구도) 그런 놀이에 가담했다는 사실을 알게 됩니다. 그때 아이가 느낄 상실감은 말로 다 표현하기 어려울 정도죠. 이 모든 과정이 너무도 조용히 이뤄지기 때문에 알아채기도 어렵고요.

이런 사례도 있습니다. 아이들이 같이 잘 놀고 있는 것처럼 보여도 사실은 왕따를 당하고 있는 경우가 대표적인데요. 점심시간에 술래잡기를 한다고 해 봅시다. 서로 열심히 도망가고 열심히 쫓아가고 있어요. 그냥 그렇게 잘 놀고 있습니다. 그런데 자세히 보면 한 아이가 유독 술래를 많이 하고 있습니다. 처음에는 가위바위보로 술래를 정하지만, 누가 술래가 되든 한 아이, 즉 미리 정해진 아이만 쫓아가서 술래를 만들어 버립니다. 그럼 그 아이는 다른 아이를 터치해 술래에서 벗어나도 이내 다른 아이들의 표적이 되기 때문에 얼마 안 가 바로 술래가 됩니다. 이런 경우, 겉으로는 같이 잘 놀고 있는 것처럼 보이기도 하고, 규칙을 어긴 것도 아니기 때문에 왕따로 보는 게 맞는지 애매하게 느껴지기도 합니다. 이를 주도한 아이들 역시 외려 당당하게 자신은 그저 친구들과 어울린 것뿐이라고 말하기도 하고요.

우선 왕따에 대한 잘못된 관점과 교육부터 소개해 드려야 할 것 같습니다. 인터넷이나 심지어 교육자료로 배부되는 것 중에도 '왕따예방수칙'이라며 아래와 같이 조언하는 경우가 있습니다.

"평소에 자신감 있게 행동해라"
"자랑하는 말을 하지 마라"

이런 말들은 오히려 아이에게 ‘네가 뭘 잘못하거나 뭔가가 부족하면 왕따를 당할 수도 있다’라고 교육하는 것과 다를 바가 없습니다. 이미 왕따를 당하고 있거나 왕따를 당한 적이 있는 아이에게는 ‘네가 수동적으로 나오니 그렇게 된 거야’라고 왕따의 원인을 피해 아이에게 돌리는 것과 마찬가지고요. 왕따를 당하는 대부분의 아이들은 그들이 왕따에 잘못 대비해서 그런 일을 겪는 게 아닙니다. 평소 자신감 넘치던 아이도, 이유 없이 지목당하고 왕따 피해자가 됩니다. 아이들에게 왕따 예방 교육을 할 때에는 당하지 않게 하려는 방향이 아니라 ‘그런 일을 하는 사람이 잘못된 것’이라는 방향으로 진행되어야 피해를 예방할 수 있습니다. 그래야 일이 벌어졌을 때 자신을 보호하고 가해자를 선생님께 말할 용기를 낼 수 있습니다.

부모 입장에서 평소 우리 아이가 사회성이 부족하다고 느낀다면, 그로 인해 왕따를 당하지 않을까 염려합니다. 물론 그 마음은 충분히 이해합니다. 하지만 이제는 시선을 바꿔야 합니다. 우리 아이가 왕따를 당하는 건 사회성이 없어서가 아닙니다. 왕따의 이유를 피해자로부터 찾으려고 하지 마세요. 바로 그 생각부터 잘못된 것입니다. 사회성이 좋은 아이들도 왕따의 대상이 됩니다. 그리고 왕따를 당하는 과정에서, 또 그 트라우마와 불안으로 인해 사회성이 떨어지게 되고요. 그 와중에 왕따의 원인이 자신 때문이라는 듯한 훈육을 듣게 되면, 이를 극복하기가 더 힘들어집니다. 다시금 강조하지만, 왕따는 당하는 아이에게 문제가 있는 게 아니라 왕따를 가하는 아이에게 문제가 있는 것입니다. 그런 아이들은 공감 능력이 부족하고, 괴롭힘을 즐거움으로 인식합니다. 더불어 본인이 지금 하고 있는 행위가 잘못인지를 전혀 인지하지 못합니다. 그러니 왕따를 가한 학생들에게 지금 자신이 잘못된 행위를 하고 있다는 사실을 알게 해야 합니다.

우리 아이가 왕따를 당하고 있다는 사실을 알게 되면, 최대한 빨리 담임 선생님께 알리는 것이 좋습니다. 가장 바람직한 경우는, 그것이 사실이라 확인된 순간 가해 학생으로부터 직접 사과를 받는 겁니다. 학교 현장에서 교사의 중재하에 공식적으로 사과를 받는 일이 중요합니다. 담임교사가 왕따 사실을 인지하고 가해 학생으로 하여금 사과하게끔 하는 것만으로도 괴롭힘이 멈추는 경우도 많습니다. 피해 학생이 트라우마로 고생할 가능성 역시 상당히 낮아지기도 하고요. 그러나 학급에서의 조치만으로는 효과가 없거나 학급에서 적절한 조치를 취하지 않는다면 '학폭위'를 통해 사과를 받는 방법도 있습니다. 제일 안타까운 경우는 가해 학생의 부모가 우리 아이를 보호해야 한다는 생각에만 매몰된 채 피해 학생과 그 가족에게 사과 없이 그냥 버티거나, 외려 다른 사안으로 학폭을 맞

불 놓듯이 걸어오는 경우입니다. 가해 학생과 피해 학생에게 모두 불행한 경우죠. 가해 학생은 자신이 어떤 잘못을 저질렀는지 인지하지 못하기 때문에 앞으로도 비슷한 행태를 보이게 될 가능성이 큽니다.

우리 아이가 보이지 않는 왕따로 힘든 시기를 겪었거나 혹은 겪고 있다면, 심리적 차원에서 신경 써 주어야 하는 것들이 세 가지가 있습니다. 가장 먼저 불안감입니다. 왕따를 당한 경험은 아이로 하여금 여러 사람들이 있는 곳에서 불안감을 느끼게 합니다. 불안은 몸을 경직되게 만들고, 몸이 경직된 상황에서는 주변의 말이나 행동에 부적절하게 대응하게 될 가능성이 높아집니다. 그러니 아이에게 '이제 상황이 종료되었고, 가해를 한 아이들은 혼이 났으며 더이상 그런 일은 없을 것'이라는 안전감을 확보해 주어야 합니다.

그다음으로 신경 써야 하는 부분은 수치심입니다. 왕따를 경험한 아이는 자신이 그런 일을 당했다는 사실에 스스로에 대해 '형편없고 부끄러운 사람'이라고 느끼게 될 가능성이 큽니다. 그러니 반드시 이렇게 이야기해 주세요. "네가 잘못해서, 또는 해결 능력이 없어서, 용기가 없어서 이런 일이 일어난 게 아니야"라고요. 왕따를 시킨 그들이 나빠서 일어난 일이라는 걸 분명하게 알려 줘야 합니다. 아이가 안심할 때까지 몇 번이고 "누구라도 그런 상황에 놓이면, 그렇게 될 수밖에 없었을 거야"라고 이야기해 주세요.

마지막으로 아이의 분노감을 신경 써 주어야 합니다. '난 이렇게 수치스럽고 지금도 힘든데, 쟤(가해자)는 밝은 모습으로 잘만 지내고 있다고 생각하니 분노가 치밀어 오른다'처럼 수치와 분노감이 동시에 막 뒤섞이기도 하는데요. 이 분노감을 막을 수 있는 가장 좋은 방법 역시 사건이 발생한 직후 가해 학생에게 사과를 받게 하는 겁니다. 하지만 타이밍을 놓쳐 제대로 사과를 받지 못한 경우 "그만 잊어라" "용서해라" "기도해라" "그런 생각 계속해 봤자 너만 힘들다" 같은 말들은 전혀 도움이 되지 않습니다. 차라리 "그 아이는 정말 나쁜 놈이었다"라고 말해 주는 편이 그나마 분노 조절에는 도움이 됩니다. 분노감은, 누군가 자신의 분노를 이해하고 공감해 주었다고 느낄 때, 소강상태에 이르게 됩니다. 왕따는 우리 아이의 부족함 때문이 아니라, 그런 행동을 통해 쾌감을 느낀 가해 학생의 잘못 때문에 벌어지는 일입니다. 그러니 왕따 피해를 입은 우리 아이를 나무라는 일은 하지 않는 것이 좋습니다.

보이지 않는 왕따 대응 가이드

① 왕따의 원인을 피해 아동에게서 찾지 않는다

왕따는 피해 아동의 성격이나 사회성 부족 때문이 아니라, 가해자의 공감 부족과 잘못된 행동에서 비롯되는 것이다. 그러니 우리 아이에게 "네 잘못이 아니야"라는 메시지를 반복해서 전해 주자.

② 왕따 사실을 알게 되면 즉시 담임교사에게 알린다

가능하면 사건 직후, 교사 입회하에 가해자에게 공식적으로 사과를 받도록 한다. 초기 조치는 트라우마 예방에 매우 중요하다.

③ 불안을 줄이는 '안전감'을 만들어 준다

이제 그런 일은 없을 거라고, 교사와 부모가 함께 지켜 줄 거라는 확신을 느끼도록 아이를 안심시켜 준다.

④ 수치감을 덜어 주는 대화를 한다

"네가 잘못해서 그런 일이 벌어진 게 아니야. 그런 상황에서는 누구라도 그럴 수밖에 없어"라는 말로 아이가 스스로를 비난하지 않도록 돕는다.

⑤ 아이의 분노를 공감해 준다

"왕따를 시킨 그 아이가 잘못한 거야"처럼 아이의 감정을 인정하는 말이 분노 완화에는 효과적이다. "잊어라" "용서해라" "기도해라" 같은 말은 피해야 한다.

⑥ 겉으로는 함께 노는 것처럼 보여도 이상 신호가 없는지 예리하게 관찰한다

특정 아이만 반복적으로 술래가 되거나, 아이가 만진 물건을 피하는 등의 패턴이 없는지 살펴봐야 한다. 이는 보이지 않는 왕따의 단서가 될 수 있다.

⑦ 가해 학생으로 하여금 자기 잘못을 인식하도록 조치한다

피해 아동 보호뿐 아니라, 가해자가 자신의 행동이 잘못임을 깨닫게 하는 과정이 재발 방지의 핵심이다.

아이들은 정말
싸우면서
클까?

"애들은 싸우면서 큰다." 제가 가장 싫어하는 말 중 하나입니다. 담임교사로서 하루 중 가장 긴장되는 순간이 있어요. 누군가 제게 달려와 이렇게 말하는 순간이죠.

"선생님 준호랑 은혁이가 화장실에서 싸워요."

자리를 박차고 화장실로 달려가는 그 30초 동안 교사는 별의별 생각이 다 듭니다. 아이들이 정말 싸우면서 성장하는 거라면, 굳이 제가 달려갈 필요 없이 가급적 아이들끼리 자주 싸우게 해야겠지요. 하지만 실상은 다릅니다. 아이들은 싸우면서 큰다기보다, 싸우면서 다칩니다. 그리고 싸우면서 상처받습니다. 싸움이 잦다는 건 아직 미성숙하다는 것을 보여 주는 것뿐, 그 이상도 이하도 아닙니다. 아이들은 싸우면서 크는 게 아니라 잘 놀면서 크는 겁니다.

생각보다 아이들은 상대방의 약점을 잘 파악합니다. 어떤 아이가 어떤 콤플렉스가 있고 그래서 무슨 말을 들으면 싫어할지 잘 알고 있지요. 그렇게 파악한 약점을 상대방과 싸울 때 무기 삼아 거침없이 내뱉습니다. 그 순간 둘의 관계는 이미 회복하기 어려울 정도로 멀어집니다. 그게 상처로 남아서 싸운 이후로도 자꾸 뇌리를 스치기도 하고요. 선생님 앞에서 서로 화해는 하지만, 어디까지나 표면상일 뿐이지요. 그런데 이런 싸움을 자주, 주도적으로 하는 몇몇 아이들이 있습니다. 그럴 때 저는 아이들이 잘못한 부분에 대해서는 분명하게 훈육하되, 훈육한 횟수의 다섯 배 이상 아이를 꼭 안아 주거나 머리를 쓰다듬는 등 신체적으로 보듬어 줍니다.

자주 싸움을 하게 되는 아이들의 근본 원인은 무엇일까요? 감정 조절이 안 되거나, 잠재된 분노 수치가 높거나, 자기중심성이 너무 강하거나, 공격적인 환경에 자주 노출되는 등 이유는 다양합니다. 그런데 어떤 이유에서건 자주 싸우는 아이들의 공통점이 있어요. 바로 '불안'입니다. 이 불안감이 싸움을 일으키는 촉매제가 되는 거예요. 싸움을 한 직후 제가 단호하게 훈육을 하면서도 반드시 그보다 더 아이들을 꼭 안아 주는 이유는, 이 아이들 속에 있는 불안감을 달래 주기 위해서입니다.

아이가 불안감을 느끼는 근본적인 원인은 타인에 대한 신뢰감이 부족하기 때문이에요. 인간은 누구나 자신이 누군가로부터 충분히 보호받을 수 있다는 심리적 안정감이 전제될 때 '자기 안전감'이 형성됩니다. 이러한 '자기 안전감'이 없는 상태로 오랫동안 외부 세계에 노출될 때 일상에는 높은 '불안감'이 자리 잡게 되지요. 그리고 이 자기 안전감은 대체로 영유아 시기 보호자의 양육 태도에 영향을 받습니다. 영아기에 아이와의 안정적인 애착 관계 형성이 중요한 건 바로 이 때문입니다. 그렇다면 애착 관계를 새로 쌓기에는 너무 멀리 와 버린 초등 시기, 어떻게 하면 될까요? 그런 아이들의 경우 도망갈 수 있는 곳이 있어야 해요.

대부분의 아이들이 전업주부인 엄마, 어린이집 선생님, 아이 돌보미, 조부모 등 한 사람에게 맡겨진 채 하루의 대부분을 보냅니다. 문제는 이 보호자 역할을 하는 이의 역량에 따라 그 아이의 하루가 결정된다는 거죠. 아무리 역량이 뛰어나다 해도 하루 종일 아이를 돌보다 보면 지치고 힘에 부칠 수밖에 없습니다. 그런 와중에 어떤 문제가 생기면 아이를 심하게 나무라게 되죠. 이렇게 되면 아이가 도망갈 곳이 없어집니다. 그 나무람을 그냥 다 받아들이면서 있어야 하죠. 그런 패턴이 지속되면 아이는 자기 안전감을 형성할 수가 없습니다. 매사 불안하기 때문에 공격적으로 자신을 방어합니다. 그래서 도망갈 곳이 필요한 거예요.

대가족이 모여 살던 시절에는 늘 완충장치가 있었습니다. 부모에게 심하게 혼나거나 회초리를 맞아도, 잠시 후 "할머니!" 하고 도망갈 수 있었죠. 그럼 할머니는 맛있는 무언가를 주머니에서 꺼내 주며 아이를 품에 안아 줍니다. 아이가 잘못해서 혼난 건 맞지만 그래도 늘 피난처가 되어 줄 누군가가 곁에 존재했죠. 이런 경우, 아이는 혼나도 크게 불안해하지 않고 자기 안전감을 느낄 수 있습니다. 제가 자주 싸우는 아이를 따끔하게 훈육하면서도 꼭 그 다섯 배 이상을 신체적으로 보듬어 주려는 것도 바로 이 때문입니다. 부모는 훈육하는 어른이면서 동시에 도망쳐 올 수 있는 어른이 되어 주어야 합니다. 시간은 좀 걸려도 효과는 분명 있지요.

한 아이가 싸움을 걸어 조금 전 선생님께 혼이 났습니다. 그런데 선생님이 잠시 후에 와서 머리를 쓰다듬어 줍니다. 처음에는 아이 역시 뭔가 이상하다고 생각합니다. 진심이라고 여기지도 않고요. 하지만 하교하기 전까지 두 번, 세 번, 네 번, 다섯 번 같은 과정을 반복하면 그땐 아이도 안심합니다. 혼이 나긴 했지만, 그래도 자신이 힘들거나 당혹스러울 때 선생님한테 가면 안전할 거란 신뢰감이 생깁니다. 가정에서도 마찬가지입니다. 분명 훈육은 필요합니다. 다만 훈육 이후에는 아이가 안전하다는 감각을 느낄 수 있도록 스킨십을 자주 해 주는 게 좋습니다. 낮에 엄마에게 혼이 나도, 저녁이면 어김없이 내가 좋아하는 바닐라 아이스크림을 사 가지고 오는 아빠를 기다리는 아이는, 불안해하지 않고 자기 안전감을 느낍니다.

한 가지 더 강조하고 싶은 부분은, 자녀를 키우는 동안, 부모는 안정적인 생활 루틴을 가지고 있는 편이 좋습니다. 부모 자신이 안정적이지 못하면, 아이들이 문제를 일으키는 순간에 평정심을 유지하기도 힘들뿐더러, 아이들의 머리를 쓰다듬고 안아 주는 것은 더더욱 어렵습니다. 아이들은 정해진 규칙의 테두리 안에서 다투지 않고 놀 때 가장 행복한 법입니다. 안정적인 생활 루틴은 규칙이라는 테두리 안에서 유지되는 법이고요. 놀이 과정에서 자신의 의견을 피력하고 논쟁하는 협상 능력은 중요합니다. 하지만 다투지 않아도 될 상황에 굳이 싸울 거리를 찾으며 시비를 거는 행위는, 협상 능력과 전혀 다른 문제입니다. 그 원인이 분노이든, 외로움이든, 자기중심성이든 그 근간에는 '불안감'이 있습니다. 이 불안감을 잠재울 수 있는 건 믿고 의지할 만한 피난처뿐입니다. 아이의 엄마나 아빠, 할머니, 할아버지, 누구든 좋습니다. 이 책을 읽는 여러분이 직접 그런 존재가 되어 주면 좋겠습니다.

싸우는 아이 대응 가이드

① '애들은 싸우면서 큰다'라는 생각을 버린다

아이는 싸우면서 성장하는 게 아니라 싸우면서 다치고 상처받을 뿐이다. 싸움은 미성숙함의 신호일 뿐, 성장의 필수 과정이 아니다. 외려 아이들은 잘 놀면서 관계 능력을 키워 나간다는 점을 명심하자.

② 싸움의 근본 원인을 '불안'에서 찾는다

자주 싸우는 아이는 감정 조절 문제, 분노, 자기중심성 등 다양한 이유가 있지만 이 모든 기저에는 '불안감'이 작용한다. 불안은 '자기 안전감(안전하다는 심리적 확신)'이 부족할 때 생긴다는 사실을 잊지 말자.

③ 훈육을 하되, 평소 그 이상으로 애정 표현을 한다

잘못된 행동은 즉시 단호하게 훈육하되, 훈육이 끝나면 충분히(훈육 횟수의 다섯 배 이상) 안아 주거나 머리를 쓰다듬어 준다. 이는 아이가 느끼는 불안감을 덜어 주고 '이렇게 혼났어도 나는 안전하다'라는 신뢰감을 심어 주기 위함이다.

④ 가정에서 '도망칠 곳'을 만들어 준다

과거 대가족 시절처럼 혼난 후에도 안전하게 의지할 수 있는 완충지대가 필요하다. 혼내는 사람과 보호하는 사람이 완전히 별개의 인물일 필요는 없다. 부모가 훈육하는 동시에 피난처 역할도 해 줄 수 있다.

⑤ 안정적인 생활 루틴을 유지한다

예측 가능한 하루는 아이로 하여금 불안을 덜 느끼게 하고 평정심을 유지하게끔 도와준다. 부모가 안정적이어야 아이를 안아 주고 달래 줄 여유도 생길 수 있음을 명심하자.

학교에서 이쁨받는 아이의 특징

　어떤 학급에든 소위 '인싸'로 불리는 아이가 있기 마련입니다. 이들은 다른 친구들로부터 인기를 얻고 부러움의 대상이 되지요. 엄밀히 말하면 부러움의 대상이 되는 동시에 질투의 대상이 된다고나 할까요. 하지만 사랑받고 이쁨받는 아이들은 인기 있는 아이들과는 또 다릅니다. 주변의 어른 아이 할 것 없이 이 친구를 보면 좋은 감정이 생겨납니다. 말수가 많지 않아도, 사교성이 높지 않아도, 왠지 마음이 가고 신경 써 주고 싶고, 뭔가 실수를 하더라도 부정적인 감정이 들지 않는 아이들. 이들은 단순한 인싸가 아닌, 친구들의 마음을 읽을 줄 아는 아이입니다. 보통 이런 아이들은 공감 정서가 높은 편인데요. 이 아이들이 자주 하는 말이 있습니다. 바로 "괜찮아?"입니다. 이 말을 친구들에게 자주 하면 좋은 친구를 많이 만들 수 있다고 아이에게 알려 주세요.

특히 어떤 친구가 넘어졌거나, 울고 있거나, 혹은 표정이 굳어 있으면 가서 물어봐 주라고 하세요. "괜찮아?" 하고요. 물론 그렇게 물어봐도 해결해 줄 수 없는 경우도 많습니다. 그럴 때는 "내가 선생님께 얘기해 줄게"처럼 선생님께 친구의 어려움을 대신 말해 주라고 하세요. 의외로 어려움이 생겼을 때, 선생님께 말 못 하는 아이들이 많아요. 그런데 그런 친구를 알아채고 괜찮냐고 물어봐 주고, 대신 선생님께 상황을 설명해 주는 친구를 다른 아이들이 안 좋아할 리가 없습니다.

교실에서 가만히 있기만 해도 선생님이나 친구들에게 사랑받고 이쁨받는 아이는 가정에서도 마찬가지로 사랑받고 큰 아이일 확률이 높습니다. 그런 아이들은 표정과 말투, 행동에 사랑스러움이 묻어나오고 사람들을 끌어당기죠. 그런데 착각하면 안 됩니다. 사랑받고 크는 것과 하고 싶은 것을 마음대로 하게 해 주는 것은 다릅니다. 미취학아동 시기에 원하는 대로 다 해 주는 걸 사랑을 주는 것이라 착각하면, 그리고 그렇게 원하는 건 무엇이든 받는 게 당연하고, 뭐든 자기가 하고 싶은 대로 해야 하는 상태로 아이가 초등학교에 들어오면, 오히려 미움받기 딱 좋은 상태가 되지요. 아이에게 충분한 관심과 사랑을 주되, 해야 할 것과 하지 말아야 할 것을 분명하게 구분 짓고, 이를 조절해 가는 방법을 알려 주는 게 아이를 제대로 교육하고 사랑하는 일임을 잊지 말아야 합니다.

한편 생각보다 학교에서 인사를 안 하는 아이들이 제법 많습니다. 하더라도 고개만 까닥이거나 인사를 하는 둥 마는 둥 대충하고 지나가는 아이도 많고요. 대개 공부를 잘하는 아이가 어른들에게 이쁨받을 거라고 생각하지만, 그보다는 예의가 바르고 인사를 잘하는 아이가 어른 아이 할 것 없이 더 이쁨받고 신뢰받는 법입니다. 그러니 복도에서건 운동장에서건 선생님을 마주치면 고개 숙여 제대로 인사할 수 있도록 지도해 주세요. 특히 초등학교 입학을 앞둔 아이가 있다면 집에서, 그리고 밖에서 마주하게 되는 어른에게 어떻게 인사하면 좋은지 가르쳐 주세요. 실제 연극처럼 엄마 아빠가 선생님과 아이 역할을 하면서 역할극을 해 보는 게 가장 효과적입니다.

사소한 것 같지만 어른한테 무언가를 건넬 때는 두 손으로 공손하게 건네는 습관도 중요합니다. 고학년 아이 중에서도 교사에게 뭔가를 받거나 건넬 때 한 손으로 건네는 아이들이 꽤 많습니다. 집에서 엄마나 아빠, 할머니, 할아버지에게 똑같이 하고 있는 것이지요. 사소한 습관이지만 교사 입장에서는 이 아이가 가정에서 어떻게 교육받고 있는지 금방 판단이 서는 순간입니다.

잘못하고 나서의 태도도 중요합니다. 이때의 행동에 따라 아이가 달라 보이기도 하거든요. 보통 어른이 어떤 부분에 대해 훈육하거나 잘못된 행위를 바로잡아 줄 때, 핑계를 대거나 말대꾸하거나, 안 했다고 잡아떼는 경우가 있어요. 그런데 그러지 않고 바로 사실을 인정하고 "잘못했습니다"라고 말하는 아이는 잘못을 했어도, 이뻐 보입니다. 물론 아이가 거짓말을 하거나 이러저러한 핑계를 대는 행위는 아이의 발달단계상 크게 우려할 만한 문제는 아닙니다. 하지만 어른들이 감정적으로 느끼는 차이는 크지요. 잘못을 인정하는 아이를 보면 아무래도 '이 아이, 괜찮네' 생각하고 맙니다. 그러한 태도 덕에 어떤 불이익이나 벌을 주기보다 아이 스스로 잘못을 바로잡을 수 있도록 기회를 주게 되지요.

마찬가지로 자기 마음을 열어 보이는 아이에게는 더욱 관심이 가는 법입니다. 면담을 요청하거나 면담까지는 아니어도 "선생님, 요즘 학원 숙제가 너무 많아서 힘들어요" "선생님 요즘 엄마가 자꾸 짜증 나게 해서 화나요" "선생님 사실 저 수연이를 좋아하고 있어요" 등 학교생활이나 사생활과 관련해 고민을 털어놓는 아이들이 있습니다. 교사라고 해서 모든 문제를 다 해결해 줄 수는 없지만, 그런 고민을 오픈하는 아이에게는 더 관심이 가고, 한 번 더 격려해 주고 싶은 법이지요.

또한 유독 잘 웃는 아이들이 있습니다. 작은 일에도 까르르 잘 웃는 아이는 보는 것만으로도 기분이 좋아집니다. 그런데 반대로 작은 일에도 짜증을 잘 내는 아이들이 있어요. 똑같은 일인데도 어떤 아이는 재밌다고 웃고, 어떤 아이는 부정적인 반응을 보이며 짜증을 냅니다. 짜증 내는 아이 근처에 있는 것만으로도 다른 아이들은 에너지를 빼앗긴다는 기분을 느낄 수 있어요. 물론 짜증 내는 것 역시 관심을 달라는 하나의 표현 방법일 수 있지만, 정작 주변 친구와 어른들은 점점 멀어질 뿐입니다.

능력이 좋은 아이보다는 성실한 아이가 이쁨받습니다. 실력이 좋다고 뺀질거리거나, 다른 친구에게 이것저것 참견하고 평가하는 아이보다, 성실하게 해야 할 몫을 하고 다른 친구를 도와주는 아이가 주변 친구들로부터, 또 선생님으로부터 이쁨받는 법입니다. 특히 어설프고 부족해도 포기하지 않고 열심히 해 온 흔적이 보일 때, 그런 모습들이 주변 사람들로 하여금 기특하다는 감정을 불러오곤 합니다. 학급 청소 시간에 성실히 자기 몫을 다 하는 아이들, 안 보일 것 같지만 눈에 다 보입니다. 선생님의 눈을 피해 바닥에 떨어진 쓰레기를 다른 사람 의자 밑으로 밀어 넣는다거나 청소하는 시늉만 하는 아이들은 성실하다는 인상을 줄 수 없겠죠. 그러다 보면 나중에 스스로 무언가를 해 와도 제대로 인정받지 못하는 경우도 생기게 됩니다.

　학교에서, 혹은 어른에게 이쁨받는 아이는 단지 성격이 밝거나 공부를 잘하는 아이가 아닙니다. 일상적으로 나오는 예의 바른 행위들, 다른 사람의 마음에 공감하는 행동이 반복된 끝에 이쁨을 받는 것입니다. 이런 아이들은 자기 마음을 표현할 줄 알고, 다른 사람의 마음에도 귀 기울일 줄 압니다. 선생님과 친구에게 신뢰를 주는 태도, 작은 일에도 감사할 줄 아는 마음가짐이 결국 아이의 품격을 만드는 겁니다. 사랑받는 아이로 자란다는 것은 타인에게도 사랑을 전할 줄 아는 아이로 자라난다는 말과 같습니다. 학교에서 이쁨받는 아이란, 대단한 게 아닌 '함께 있을 때 마음이 편해지는 아이'라는 사실을 명심해 주세요.

학교에서 이쁨받는 아이들의 공통점

① 자연스럽게 공감 표현을 할 줄 아이

친구가 힘들어 보일 때 "괜찮아?"라고 물어봐 주는 습관을 갖게 한다. 아이가 직접 해결해 줄 수 없다면 선생님께 대신 도움을 요청하도록 지도한다.

② 사랑과 훈육을 함께 받은 아이

아이에게 충분히 관심을 주되, 해야 할 것과 하지 말아야 할 것을 명확히 가르친다. 하고 싶은 대로 다 하는 것과 사랑받는 것을 혼동하지 않도록 한다.

③ 인사를 바르게 하는 아이

복도 및 운동장에서 선생님을 보면 고개 숙여 인사하게끔 지도한다. 인사는 모든 대인관계의 기본 중 기본이다.

④ 두 손으로 물건을 주고받는 아이

어른에게 물건을 받을 때나 건넬 때는 항상 두 손을 사용하게 한다. 사소해 보여도 이는 가정교육 수준을 짐작게 하는 단서가 된다.

⑤ 잘못을 인정할 줄 아는 아이

변명 없이 "죄송합니다" 또는 "잘못했습니다"라고 말할 줄 아는 태도가 중요하다. 그 한마디가 잘못을 했어도 오히려 '괜찮은 아이'라는 인상을 주는 경우도 많다.

⑥ 마음을 열어 대화하는 아이

일상에서 느끼는 어려움, 감정 등을 짧게라도 표현하는 아이는 주변으로부터 관심과 격려를 받는 법이다.

⑦ 잘 웃는 아이

작은 일에도 환하게 웃으며 긍정적인 에너지를 주는 아이 주변에는 사람들이 모이기 마련이다.

⑧ 성실하고 책임감 있는 아이

잘하지 못해도 자기 몫을 끝까지 해내는 꾸준함이 중요하다. 청소나 심부름 등 작은 일에도 최선을 다하는 태도가 신뢰감을 주는 법이다.

친구 관계가
어려운 아이

: 시기별 친구 스트레스의 이유

초등 아이들은 크게 두 가지 종류의 스트레스에 시달리곤 합니다. 하나는 학업에 대한 부담감, 다른 하나는 친구 관계로 인한 스트레스입니다. 학업 때문에 스트레스를 받는 아이들은 학교 끝나고 집에 가기를 싫어합니다. 풀어야 할 문제집이 너무 많고 공부 때문에 잔소리를 듣고 싶지 않기 때문이죠. 마찬가지로 학원에 가는 것도 싫어합니다. 학원을 다녀오고 나면 놀 수 있는 시간이 얼마 남지 않거든요. 의외로 학업에 대한 스트레스가 많은 아이도 학교에서는 즐겁게 보내는 경우가 많습니다. 하루 중 유일하게 공식적으로 쉬는 시간과 점심시간을 보장받고, 그 시간을 활용해 놀 수 있으니까요.

친구 관계로 스트레스를 받는 아이들은 반대 모습을 보여요. 등교하기를 거부하지요. 우리 아이가 어느 순간부터 자꾸 지각하고, 학교 가기 싫다고 한다면, 공부 때문이라기보다 친구 관계(학교폭력 포함) 혹은 선생님과의 관계에서 뭔가 어려움이 있을 가능성이 더 높습니다.

결론적으로 친구 관계에 어려움이 있는 아이는 학업 스트레스를 받는 아이보다 심리·정서적으로 더 힘들어할 가능성이 높습니다. 학교에 있을 때는 그들과 함께 있어서 괴롭고, 집에 가면 내일 다시 학교를 가야 한다는 생각에 힘든 거지요. 이렇게 친구 관계로 어려움을 겪는 아이들의 경우, 학년에 따라 그 양상이 모두 다릅니다. 물론 원인도 다 다르고요. 그래서 부모의 접근방법도 달라야 합니다.

저학년의 경우, 또래 친구와 잘 지내거나 잘 못 지내는 모습이 눈에 띄게 보입니다. 대체로 저학년 아이들이 힘들어하는 상황은 원치 않는 장난을 치거나 어떤 불편함을 지속적으로 주는 친구가 있을 때 발생합니다. 이를테면 우리 아이는 자기 색종이를 주고 싶지 않은데, 쓱 와서 "이거 나 줘!" 하면서 바로 가져가 버리는 친구가 있다고 가정해 봅시다. 아이가 차마 싫다는 말을 못 하거나, 말을 했어도 막무가내로 가져가는 상황이 반복됩니다. 줄을 서는데 자꾸 새치기를 하는 친구의 경우도 마찬가지입니다. 뒤로 가라 해도 들은 체 만 체합니다. 이런 일들이 매일 반복되면 스트레스가 누적됩니다. 물론 그런 행동을 한 당사자는 자기가 무슨 잘못을 했는지도 모르고 오히려 더 당당한 경우가 많습니다. 아이가 이런 스트레스를 겪고 있다면, 싫다는 말을 못 해서 그랬을 거라는 생각은 안 하는 게 좋습니다. 싫다는 말을 강하게 해도, 상대 아이는 똑같이 장난을 쳤을 테니까요. 만약 이때 부모가 아이를 탓하게 되면 아이는 그다음부터 비슷한 일을 당해도 엄마한테 말을 안 하게 됩니다. 그냥 참고 버티게 되죠. 그러다가 한계가 오면 감정을 조절하지 못할 만큼 화내면서 소리를 지르거나, 안타깝지만 폭력을 휘두르고 맙니다. 그럼 그동안 피해를 입은 아이는 위로도 받지 못한 채 선생님께 혼나게 되고, 억울해지는 겁니다.

이 시기는 담임교사라는 학급 권위자에 의해 상황이 정리될 수 있도록 하는 편이 가장 좋습니다. 싫다고 했음에도 장난(혹은 괴롭힘)이 반복되는 경우, 선생님께 사실대로 몇 번이고 말하라고 가르치세요. 아이가 선생님께 말을 못 하면, 부모라도 직접 전화해서 상황을 살펴봐 달라고 하는 편이 좋습니다. 상대방 아이는 장난이라고 생각하고 있을 뿐, 본인이 어떤 잘못을 저지르고 있는지 모르고 있을 가능성이 높아요.

고학년의 경우를 살펴볼까요? 고학년도 저학년 아이들처럼 자신에게 불편감을 주는 친구 때문에 스트레스를 받기도 합니다. 그런데 대부분은 이미 어느 정도 친한 그룹이 형성되었기 때문에, 불편감을 주는 아이들하고 적절히 거리를 둡니다. 그 적절한 거리는 심리적 건강함을 의미하고요. 고학년 아이들이 정말 힘들어하는 상황은 주로 '절친' '단짝'과 발생해요. 이들은 절친이라고 하는 친한 친구와 감정 상하는 일이 벌어지거나 그로 인해 관계가 파탄에 이르렀을 때 무척 힘들어합니다. '그냥 아이들이니까 싸우기도 하고 다시 친해지기도 하고 그런 거지' 같은 수준이 아닙니다. 최소 몇 개월은 서로 언제 친했냐는 듯, 정말 차가운 기운이 맴돕니다. 그나마 그냥 헤어진 상태로 끝나면 다행이고요. 상대방에 대한 안 좋은 소문이나 누가 들으면 창피할 것 같은 사실들을 퍼뜨리기도 합니다. 이때부터 학교는 정말 가고 싶지 않은 장소가 되고요.

우리 아이가 4학년 이상이고, 그룹이라는 이름으로 또는 절친이라는 이름으로 친하게 지내는 친구가 있다면, 애착(관계)에 대한 설명을 해 줄 필요가 있어요. 그룹 아이들이 또는 단짝 친구가 나만 바라봐야 하고, 나랑만 놀아야 하고, 나를 항상 기다려 줘야 하고, 나에게 카톡을 자주 해야 하는, 그런 생각이 든다면 이는 애착을 넘어 집착으로 가고 있다는 이야기를 해 주는 것이 좋습니다. 절친이었던 아이들이 서로 싸우고 헤어지게 되는 건, 강한 집착으로 상대방을 통제하려 들 때입니다. 친한 정도를 넘어 집착에 가까운 양상을 보이면 서로에게 피해를 준다는 사실을 미리 그리고 찬찬히 꼭 설명해 줄 필요가 있어요. 이 같은 애착에 관한 이야기는 뒤에서 보다 자세히 풀어 나가겠습니다.

학교 선생님과 부모님이 바라보는 '친구 관계'에 대한 관점은 비슷한 듯 보여도 다릅니다. 많은 아이를 동시에 살피는 교사 입장에서는 A라는 아이가 친구들과 싸우거나 다투지 않고 어떤 문제를 일으키지 않는다면, 일단 친구 관계는 양호하다고 판단합니다. 하지만 부모 입장에서는 정말 친한 친구는 있는지, 함께 잘 놀고 있는지, 친구들과의 관계가 즐거운지 등을 구체적으로 알기를 바라거든요. 학교에서 별문제 없이 잘 지내는 것처럼 보이는 아이도, 실은 친구 관계 때문에 혼자서 힘들어하거나 외롭다고 느끼는 경우도 종종 있습니다. 그래서 담임교사에게 상담 또는 전화로 친구 관계를 문의할 때는, 미리 문자로 "아이의 친구 관계에 대해 자세히 알고 싶다"라는 내용을 보내고 난 다음에 전화를 해야 관련 정보를 좀 더 구체적으로 들을 수 있어요. 담임도 친구 관계에 중점을 두고 그 아이를 보다 면밀히 관찰할 시간이 필요하니까요. 그렇지 않은 채 그저 일반적인 학부모 상담에서 친구 관계를 묻는다면, 일상에서 별문제가 없는 이상 '친구 관계는 좋다'라는 두루뭉술한 답변을 듣게 될 확률이 높습니다.

저학년과 고학년 아이 모두 친구 관계에서 오는 어려움이나 부담감을 줄여 줄 수 있는 방법이 있습니다. 바로 '자기표현 훈련'이라는 건데요, 자기표현 훈련은 구체적인 상황에 따라 어떻게 말해야 하는지를 미리 연습해 보는 훈련입니다. 일종의 리허설 같은 거죠. '자기 감정 표현하기, 사과하기, 요청하기, 거절하기, 칭찬하기, 공감해 주기, 자기소개 하기' 등 실제 있을 법한 다양한 상황을 설정해서 연습해 보는 겁니다. 최대한 구체적일수록 좋아요. 학교에서 벌어질 수 있는 구체적인 상황들을 카드만 한 종이에 적어 봅니다. 예를 들어 "깜박하고 필통을 안 가져 왔을 때" 이렇게 적는 거죠. 이런 카드를 50개쯤 만듭니다. 아이와 함께 그 카드를 무작위로 한 장씩 뽑아서 카드에 적힌 상황일 때 어떤 표현을 하면 좋을지 이야기해 보고 실제로도 해 보는 겁니다.

"깜박하고 필통을 안 가져왔을 때 어떻게 할 거니?"

"엄마한테 전화 걸어서 가져오라고 할까?"

"엄마는 회사 가서 못 가는데?"

"그럼 학교 앞 문방구 가서 연필하고 지우개를 살까?"

"교실 들어가면 학교 끝날 때까지는 밖으로 나가면 안 돼. 횡단보도도 건너야 하고. 교실에서 해결하는 게 좋지."

"짝한테 빌려달라고 말하기는 좀 그래."

"그러니까 지금 해 보는 거야. 엄마가 짝이라고 생각하고 해 봐."

"어떻게?"

"나 필통을 안 가져왔는데… 연필 좀 빌려줄래? 이렇게."

"나 필통을 안 가져왔는데… 연필 좀 빌려줄래?"

"잘했어. 그렇게 하는 거야."

"근데 짝이 안 빌려주면?"

"그럼 앞에 있는 친구한테 말해 보고, 다른 친구들에게 더 말해 보면 돼. 반에 있는 스무 명 중에 누군가는 반드시 빌려줄 테니까."

훈련이라고 해서 뭔가 엄청나게 특별한 기술이 필요한 게 아닙니다. 아이와 함께 소꿉놀이를 한다고 생각하고 아이의 질문에 답하면서 대화를 이어 가면 됩니다. '자기표현'은 미취학 시기 엄마나 아빠, 형제자매와 함께 여러 번 소꿉놀이를 하면 자동으로 길러집니다. 너무 많이 할 필요도 없고 하루 한 시간 정도면 충분합니다. 고학년 아이들에게도 마찬가지고요. 카드에 적는 구체적 상황이 저학년 아이들과 내용만 다를 뿐, 진행 방식은 똑같습니다. 아이들은 이렇듯 연극처럼 해 보는 것도 직접 경험한 것으로 인지하니까요.

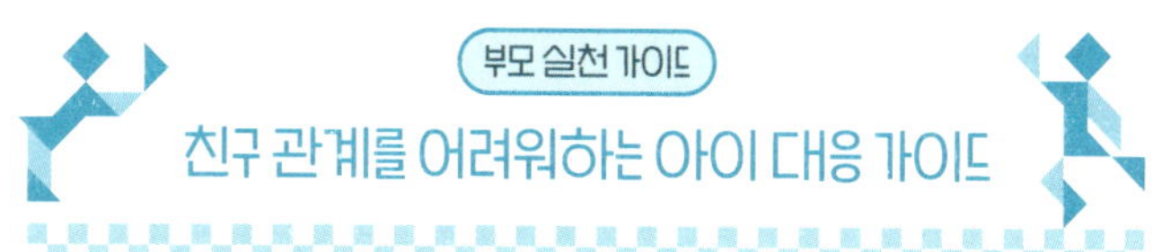

① 아이가 학교 가기를 싫어하면 그 이유부터 구분한다

학업 스트레스보다는 친구 문제, 특히 갈등이나 따돌림이 원인일 가능성이 높다.

② 저학년의 경우, 담임교사의 권위를 적극 활용한다

싫다고 해도 친구의 장난이 계속 반복되거나 불편한 상황이 개선되지 않는 경우, 아이 혼자 해결하게 두지 않는다. 아이가 직접 교사에게 상황을 털어놓게 하거나, 부모가 대신 나서서 상황을 알려야 한다.

③ 아이를 탓하는 말은 삼간다

"왜 강하게 말 못 했어?"라는 말은 아이를 침묵하게 만들고, 결국 안 좋은 방식(폭력)으로 폭발하게 만든다.

④ 고학년의 경우, '절친 집착'을 미리 예방한다

단짝에게 모든 관심과 시간을 요구하는 식의 집착은 갈등의 원인이 되기 마련이다. 이를 방지하기 위해 친밀함과 소유욕의 차이를 아이에게 이해하기 쉽게 설명해 준다.

⑤ 교사에게 아이의 친구 관계를 물을 땐 '구체적인 관찰'
　을 요청한다
미리 문자로 "학교에서 아이의 친구 관계가 어떤지 자세히 듣고 싶다"라고 알려야 정확한 답을 얻을 수 있다.

⑥ 자기표현 훈련을 꾸준히 해 준다
거절하기, 요청하기, 감정 표현하기 등 상황별 연습을 놀이처럼 하다 보면, 실제 상황에서도 아이가 스스로 대처할 수 있게 된다.

내향적인 아이는
사회성이 낮을까?

: 내향형 아이에 대한 오해와 진실

내향적인 아이들은 외향적인 아이들에 비해 말수가 적고, 쉽게 남들 앞에 나서지 않기 때문에 사회성이 부족하다고 오해를 받는 경우가 많습니다. 하지만 내향적인 성향은 단지 에너지를 얻는 방식에 관련된 것일 뿐입니다. 이 아이들은 주변을 조용히 관찰하고 깊이 생각하는 특성을 지녔다는 점을 이해하는 것이 중요합니다. 다시 말해 내향적이기 때문에 사회성이 부족하다거나 사회성을 기르는 데 내향적인 성향이 뭔가 안 좋은 영향을 미칠 거라고 생각하는 건 잘못된 믿음이라는 소리죠.

오히려 요즘에는 많은 회사의 대표나, 임원, 부장급 이상의 직

책에서 내향적이지만 분명한 영향력을 행사하는 '조용한 리더십'이 부각되고 있는 상황입니다. 물론 사회성 발달 면에서는 외향적인 아이와 내향적인 아이의 접근방법이 다를 수는 있어요.

아이들이 혼자 노는 이유는 무척 다양합니다. 내향적인 성향이 혼자 노는 데 도움이 될 수는 있어요. 그런데 그게 인과관계를 형성하지는 않습니다. 저 같은 경우, 아이가 혼자 놀아서 걱정이라는 학부모님들에겐 항상 이런 말씀을 드립니다. 학교에서 친구들과 같이 놀든, 혼자 놀든, 일단 "놀고 있으면 괜찮다"라고요. 외려 문제는 혼자서 놀지도 못하고 그렇다고 같이 놀지도 못한 채 이리저리 기웃거리는 아이입니다. 그런 게 아니라면, 다시 말해 우리 아이가 내향적인 성향이 다른 아이에 비해 강해서 종이접기를 하거나 그림을 그리며 혼자 노는 걸 더 좋아한다면, 그건 괜찮습니다. 이런 아이들은 친구가 없는 게 아니라, 친구를 안 만드는 겁니다. 지금 상태가 본인에게 더할 나위 없이 좋은 것이죠.

혼자서 뭘 하든 일단 아이가 놀고 있기만 하다면 괜찮다고 한 이유는, 그런 아이들에게는 언젠간 반드시 친구가 생기기 때문입니다. 두꺼운 도화지에 치마나 바지, 모자, 안경 같은 패션 소품을 그리고 이를 오려서 가지고 놀던 민지라는 아이가 있었습니다. 아무래도 걱정이 되어서 저 역시 민지에게 점심시간에 운동장에 나가서 햇볕도 좀 쐬고 들어오라 해도, 민지는 교실에 있는 게 더 좋다면서 한동안 계속 혼자서 도안을 그리고 자르기를 반복했죠. 그런데 나중에 학년이 바뀌고 복도에서 민지가 다른 친구랑 팔짱을 끼고 걸어오는 걸 보았습니다. 보통 단짝인 애들끼리 그렇게 하고 다니는데, 저를 보고 반갑게 인사하길래 민지한테 물어봤어요. 요즘에도 패션 소품 도안 그리면서 노냐고 말이죠. 그랬더니 민지 대신 그 옆에 팔짱을 끼고 있던 아이가 말해 주었습니다. "엄청 잘해요. 부탁하면 약속한 날까지 꼭 그려 줘요"라고요.

그때 알았습니다. '친구라는 게 말을 잘하거나 잘 웃기면 생기는 게 아니라, 주고받을 게 있으면 생기고, 또 그 과정에서 약속을 잘 지키면 생기는 거구나'라고요. 민지는 자기 도안에 관심을 가진 다른 아이에게 그걸 그려 주고, 또 언제까지 그려 주겠다고 약속하면서 그 약속을 잘 지켰습니다. 그 결과 새롭게 친구를 사귀게 된 거죠. 이렇듯 혼자서도 잘 노는 아이는 자기 관심사를 누군가와 공유할 수 있는 순간이 반드시 옵니다. 그리고 특별한 문제가 없는 한, 이를 계기로 얼마든지 친구를 사귈 수 있어요. 더불어 사회성도 빠르게 성장할 수 있고요.

흔히들 아이의 내향적인 성향을 조금이나마 외향적으로 바꾸면 친구를 사귀기 쉬워지거나 사회성이 좋아진다고 생각하는데, 그렇지 않습니다. 공감을 잘하는 아이, 앞에서 언급한 것처럼 약속을 잘 지키고 자기 관심사를 흔쾌히 공유할 줄 아는 아이가 친구를 잘 사귀고 사회성도 더 좋아질 수 있는 거예요.

그러니 자녀가 내향적인 성격을 지녔다면 그 특성을 존중하고 그들의 속도와 방식에 맞춰 주세요. 외향적인 아이와 비교하거나, 아이에게 더 사교적이기를 강요하면 아이의 자신감만 떨어뜨릴 수 있습니다. 그 대신, 아이가 자신의 성향을 긍정적으로 받아들일 수 있도록 아이의 장점을 발견하고 많이 칭찬해 주세요. 부모가 아이의 특성을 이해하고 지지할 때, 내향적인 아이는 안정감을 느끼며 건강한 방식으로 사회성을 발달시킬 수 있습니다.

물론 주 양육자가 외향적인 데 반해 아이가 내향적인 성향이 강하다면, 그것 자체로 힘들 순 있습니다. 외향적인 보호자 눈에 우리 아이는 늘 자신감이 없거나 어딘가 소극적으로 보이기 때문이지요. 그래서 자꾸 이런 주문을 하게 됩니다.

“좀 큰 소리로 말해.”

“네가 먼저 말을 좀 걸면 되지.”

“좀 더 자신감 있게 말해.”

외향적인 부모로부터 이런 말을 자주 듣는 내향형 아이들은 스스로에 대해 부정적인 시선을 갖게 될 확률이 높습니다. 이런 경우,

내향형의 특징을 장점으로 바꾸어 자주 언급해 주는 게 좋습니다.

> "우리 딸 마음에 여유가 있네."
> "그래, 신중하니 좋네."
> "우리 아들은 듣는 걸 참 잘하네."

머리로는 알지만 매번 이렇게 말하는 게 힘들다는 것도 이해합니다. 그럴 때 필요한 주문이 있습니다.

> '이 아이는 우리 옆집에 사는 아이다.'

이렇게 생각하면 느낌이 좀 달라집니다. 아이와 어느 정도 거리감을 확보하고 나서 보면, 내향적인 우리 아이가 정말 참하고 진중한 아이로 보일 겁니다.

수업 중 발표 빈도수 면에서도 내향적인 아이와 외향적인 아이는 분명히 차이가 납니다. 내향형인 지우는 선생님이 질문하는 내용에 대한 답을 이미 알고 있습니다. 그런데 굳이 그걸 손 들고 말할 필요까지는 못 느껴요. 내향적인 아이들은 말을 하면 할수록 에너지가 빠져나가니까요. 반면 외향형인 준혁이는 선생님의 질문에 답을 몰라도 일단 손을 듭니다. 준혁이에게 중요한 건 답을 말하는 게 아니에요. '말을 하는 것 자체'가 중요한 겁니다. 외향형 아이들은 사람들 앞에서 말을 할수록 에너지가 차오르는 걸 느끼기 때문이에요.

수업 중 내향적인 성향이 강한 아이에게 발표를 많이 하라고 압박하면 수업 자체에 집중하지 못할 가능성이 큽니다. 당연히 스트레스도 받고요. 이런 유형의 아이들에게는 궁금한 게 생기면 그때 질문을 하게끔 유도하는 게 좋아요. 내향적인 아이도 궁금한 건 있거든요. 굳이 선생님의 질문에 손 들고 발표는 안 해도, 자기가 모르는 것에 대해 물어보는 정도만 해도 충분합니다. 오히려 좋은 질문 하나가 수업의 분위기를 활기차게 바꾸기도 하니까요.

내향적이라고 해서 욕구나 욕망이 없는 게 아닙니다. 리더가 되고 싶고, 어떤 힘을 갖고 싶다는 욕망은 누구에게나 다 있어요. 실제로 학급 회장이나 전교 어린이 회장에 당선되는 아이들을 보면, 의외로 평소에 그다지 말이 많지 않은 (내향형) 아이인 경우가 많습니다. 말수는 적지만 이들은 평소 다른 아이들에게 친절한 까닭에 신뢰감을 얻은 아이입니다. 초등생들도 보는 눈은 있거든요. 게다가 학급 회장이든 전교 어린이 회장이든, 이 자리는 자기 의견을 강하게 주장하는 자리가 아닙니다. 학급 전체, 혹은 다른 학생들의 의견을 잘 듣고 이를 학교 교육 프로그램에 반영될 수 있도록 조율하는 위치이죠. 그래서 무엇보다 우선 '잘 들을 수 있는 성향'을 가진 아이가 유리한 겁니다.

초등 고학년 아이들이 하는 진로 검사지에는 결과를 분석하는 여러 척도가 나옵니다. 그 항목 중 하나가 바로 '사회성'인데요. 이때 사회성의 높고 낮음을 판단하는 기준은 바로 '주변 사람에게 얼마만큼 배려를 잘하느냐'였습니다. 약속한 것을 잘 지키고, 정서적으로 공감할 줄 알고, 약자를 배려할 줄 아는 사람. 그런 사람이 진로 검사에서 사회성이 높게 나오는 겁니다. 그리고 사회성이 높게 나온 아이들은 주로 사람과 관계를 맺는 직군에 적합하다는 결과가 나오지요. 이렇듯 언뜻 말수가 적어 보이는 내향적인 아이도 얼마든지 사회성이 좋은 아이로 성장할 수 있습니다.

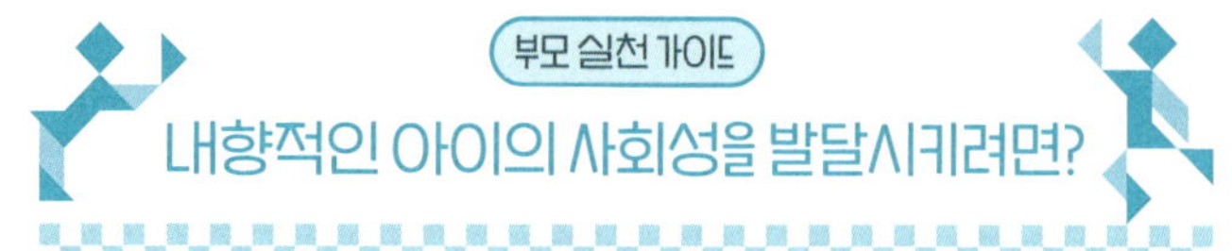

① 혼자서 그림을 그리거나 종이접기처럼 뭔가에 몰두하고 있다면 그대로 두어도 된다

이는 친구가 없다기보다는 지금 상태에 만족하는 것일 뿐이다. 어떤 놀이든 뭔가에 몰입하는 경험은 훗날 친구를 만들 때 좋은 매개가 되므로 부모가 지레 걱정할 필요 없다.

② '좀 크게 말해' '먼저 인사해' 같은 주문은 자제한다

외향적인 부모 눈에는 답답해 보여도, 이런 요구가 반복되면 아이의 자존감과 자신감을 깎아내릴 수 있다.

③ 아이의 장점을 발견하면 즉시 구체적으로 칭찬한다

"신중하네" "다른 사람의 말을 잘 들어 주네"처럼 아이가 자신의 성향을 긍정적으로 받아들일 수 있도록 자주 칭찬해 주는 게 좋다.

④수업 시간에 발표나 질문을 많이 하라고 압박하지 않
  는다

내향적인 아이는 말할수록 에너지가 빠져나가기 때문에
발표나 질문은 자율적으로 하도록 맡기는 편이 효과적
이다.

⑤ 친구와의 연결은 '함께 노는 시간'보다 '서로 주고받는
  신뢰'에서 시작된다

민지의 사례처럼 자신이 만든 걸 약속한 날짜에 주는 경험
은, 말이 많지 않아도 친구와 깊은 관계를 맺어 나갈 수 있
는 힘이 된다.

⑥ 사회성의 핵심은 외향·내향이 아니라 배려와 신뢰이다

다른 사람을 잘 관찰하고 그들의 정서에 공감할 줄 알며,
약속을 반드시 지키는 태도가 외려 리더십과 사회성 발
달에 더 큰 영향을 미친다.

밖에 나가기를 두려워하는 아이

: 동굴 증후군으로부터 우리 아이를 지키는 법

'새 학기 증후군'이라는 말, 다들 한 번쯤 들어 보셨죠? 방학이 끝나고 새 학기가 시작되기 직전에 아이들이 심리적으로 불안 증세를 보이는 것을 의미하는데요. 이 새 학기 증후군으로 인해 방학이 끝난 뒤 학교 가기를 두려워하거나 등교 거부를 하는 아이들이 있습니다. 보통은 여름방학보다 겨울방학이 끝나고 난 뒤에 더 많이 발생하고요. 실제로 긴 겨울방학이 끝나기 직전, 심리상담실을 찾는 아이들이 많습니다. 주된 증상은 두통이고요. 긴장 상태가 심할 경우, 복통과 함께 설사 증상을 보이기도 합니다. 당연히 일반 병원에 가면 이상이 없다고 하지요. 조금 다른 양상을 보이는 경우도 있는데, 새 학기에 대한 회피 반응으로 평소보다 오랜 시간 잠을 자거나 무기력한 모습을 보이는 아이도 있습니다. 다행인 점은, 이렇게 새 학기 증후군을 앓는 아이들 대부분이 4~5월이 되면 점차 증상이 호전되어 일상으로 돌아온다는 겁니다.

유년기에 코로나를 겪으며 외부 활동을 제한당한 경험이 있는 아이들 중 일상으로 돌아가는 데 어려움을 겪는 이들이 있습니다. 이들은 집에 있을 때만 안정감을 느끼고, 집 밖에 나가는 일을 불필요하게 여기거나 불안해하면서 스스로를 고립시키지요. 미국의 정신과전문의 아서 브레그먼Arthur Bregman 교수는 이 같은 증상을 '동굴 증후군'이라고 지칭합니다.

긴 겨울방학이 끝난 학년 초 시기는 바로 이 새 학기 증후군과 동굴 증후군이 겹쳐 아이의 정신건강을 위협하기에 따 좋은 때입니다. 새로운 반에 적응하지 못하고, 집 밖에 나가는 데 불안감을 느껴 혼자만의 동굴(집)에 더 강하게 집착하는 시기. 다만 이처럼 외부와 단절된 동굴 생활에 지나치게 탐닉하는 경우, 한참 뇌가 성장하고 자리 잡는 과정에 있는 아이들에겐 치명적일 수밖에 없습니다. 이건 면역을 통해 극복할 수 있는 병이라기보단 자칫 끊어 낼 수 없는 중독(질환)에 더 가깝거든요.

이러한 동굴 생활에 익숙해지면 익숙해질수록 자존감이 낮아질 가능성이 매우 높습니다. 앞서 자존감에 영향을 주는 중요한 요소가 자기안정감, 자기효능감, 자기조절감이라고 했던 것을 기억하시나요? 이 중 코로나 시기에 상당히 위협을 받고 있었던 요소가 바로 자기안정감입니다. 당시 아이들에겐 집 말고 안전하다고 느껴지는 공간이 하나도 없었습니다. 학교, 학원, 편의점, 학교 앞 떡볶이집, 문방구… 어디를 가더라도 늘 불안이라는 요소가 따라다녔지요. 이런 식으로 자기안정감이 낮아지면 자존감 형성에도 장기적으로 영향을 받을 수밖에 없습니다. 이런 상황에 집 안에서의 생활이 너무 만족스러워 동굴 증후군까지 생기게 되면, 자존감 형성에는 치명적일 수밖에 없습니다. 자존감이 낮아지면 타인과 관계를 맺는 데도 부정적인 영향을 받을 수밖에 없고, 외부 활동에도 소극적이게 되거나 좀처럼 적응하지 못할 가능성이 큽니다. 그렇다면 동굴 속 아이들을 바깥세상으로 나오게 하기 위해서는 무엇이 필요할까요?

먼저 가까운 공원이나 자연환경 속에서 산책을 하게 합니다. 산책은 타인과 직접적으로 접촉하는 활동은 아니지만, 일단 아이를 집 밖으로 나오게 하는 효과가 있습니다. 이때 아이를 데리고 걷기 운동하듯이 빨리 산책하기보다, 아이들이 주변으로 시선을 돌릴 수 있도록 여유를 주는 편이 좋습니다. 나무도 보고, 다가가서 만져도 보고, 곤충이나 기타 생물들의 움직임을 구경하거나 또는 직접 잡게끔 해 보는 것이지요. 그간의 '방콕'보다 더 신나고 재미있는 일들이 외부에 있다는 것을 다시 한번 인식하게 해 주는 과정이 중요합니다.

다음으로 필요한 것은 올바른 대화입니다. 다만 대부분의 부모들이 대화를 잘 못한다는 게 문제라면 문제랄까요. 부모들은 본인이 대화를 한다고 생각하지만, 일방적으로 질문만 이어 나가는 경우가 많거든요.

"힘든 게 뭐니?"
"학교에서 누구 때문에 힘드니?"
"공부는 열심히 하고 있니?

이렇듯 부모는 아이에게 끊임없이 물어보고, 그에 대한 솔루션을 제공하려고 합니다. 마음만 급한 거죠. 중요한 건 질문과 답이 오고 가는 게 아닙니다. 대화를 말이라고 생각하지 말고, '교감'이라고 바꿔서 생각하는 편이 진짜 대화를 하는 데는 도움이 됩니다. 말을 많이 나누지 않아도, 아이가 힘들어할 때 공감하는 눈빛을 보낸다거나, 아이의 머리를 한번 쓰다듬어 준다거나, 꼭 껴안아 주는 그런 제스처만으로도 교감은 얼마든지 이루어질 수 있습니다.

동굴 속에 틀어박힌 아이를 대할 때 반드시 주의해야 할 사항이 있습니다. 아이가 방에만 있는다고 해서 소리 지르거나 다그쳐서는 안 된다는 것입니다. 아이 스스로 외부가 안전하다고 느낄 수 있게 해 줘야 하고, 누구든 새로운 환경 앞에서는 긴장되는 게 당연하다고 말해 줘야 합니다. 더불어 외부 활동을 통해 얻을 수 있는 즐거움이 많다는 점도 어필하면 좋겠죠. 이를테면 야외 갯벌 체험 같은 활동도 좋습니다. 갯벌 속에서 고개를 내밀고 용감하게 돌아다니는 다양한 생물의 역동성을 볼 수 있어 아이로서도 공감할 여지가 클 겁니다. 이외로는 승마 체험도 좋습니다. 말은 사람과의 정서적 교감이 무척 높은 동물로 알려져 있습니다. 한두 번 체험해 보는 것도 좋지만, 도심 외곽 쪽으로 나가면 승마 체험이 가능한 곳이 몇 군데 있으니, 여력이 된다면 주 1회 빈도로 몇 개월 정도 정기적으로 배워 보는 것도 아이가 동굴 증후군을 극복하는 데 큰 도움이 됩니다.

어른 아이 할 것 없이 누구에게나 자기만의 동굴은 필요한 법입니다. 다만 그렇게 자기만의 동굴에서 휴식을 취하다가도 필요할 땐 언제든 밖으로 나가 그곳에 적응하고 뭔가를 성취할 수 있어야 한다는 거죠. 초등 시기에 너무 동굴에만 머물러 버릇하면 문밖 세상은 그저 두려운 존재가 되고 맙니다. 우울보다 무서운 건 아이들이 자기 방에만 갇혀 버리는 겁니다. 아이들의 뇌에 이런 경험과 감각이 한번 각인되면 수정하기가 무척 어렵습니다. 그러니 아이와 함께 가까운 공원을 산책하는 것부터 시작하시기 바랍니다. 사회성을 높이기 이전에 동굴 밖으로 나오는 시도가 필요합니다.

동굴 속에 틀어박힌 아이를
바깥세상으로 나오게 하려면?

① 방에만 있는다고 소리 지르지 않는다

아이에게 외부가 '안전한 곳'이라는 인식을 심어 주는 게 최우선이다. 아이의 불안감을 줄이지 않은 채 바깥으로 억지로 끌어내려 하면 오히려 더 깊게 숨는다는 사실을 명심하자.

② 가까운 공원이나 자연에서 느리게 산책한다

아이로 하여금 천천히 주위를 둘러보며 나무를 만지고, 곤충을 관찰하며 '밖이 더 재미있다'라는 경험을 하게 해 준다.

③ 질문보다 '교감'에 집중한다

"힘든 게 뭐니?" 같은 질문 공세 대신 눈 맞추기, 포옹하기, 머리 쓰다듬어 주기 같은 비언어적 신호가 아이의 마음의 문을 여는 수단이 된다.

④ 누구나 새로운 환경 앞에선 긴장한다는 사실을 알려
　준다

'처음은 다 어렵지만, 막상 해 보면 분명 즐거울 거야'라
는 메시지가 아이의 도전 의지를 키운다.

⑤ 야외 체험을 통해 성공 경험을 만든다

갯벌 탐험, 승마 체험 같은 흥미로운 활동은 정서적 교감
능력을 키우고 '밖으로 나가는 즐거움'을 아이에게 각인
시킨다.

⑥ 동굴은 '쉼'의 공간이지, 평생 머무는 곳이 아님을 알
　려 준다

누구에게나 자기만의 공간은 필요하지만, 세상과 연결
되는 경험이 없을 때 문밖은 곧 '두려움'의 공간이 된다는
것을 아이에게 이해하기 쉽게 설명한다.

말수가 지나치게 적은 아이

어딜 가든 아이가 인사만 잘해도 사회성 발달과 관련해 크게 거정할 필요가 없어집니다. 그런데 이 인사부터 쉽지 않은 상황이라면 부모 입장에서는 속이 타는 것도 당연합니다. 만 3세 정도가 지나면, (의식적으로) 아이를 데리고 다른 이의 집을 방문할 필요가 있습니다. 가까운 친척, 친구, 직장 동료 등의 집에 갈 일이 생기면 가능한 한 아이와 함께 가 버릇합니다. 꼭 또래가 있는 집이 아니어도 괜찮습니다. 그럼 지인들이 아이에게 반갑다고 인사를 할 텐데, 만약 아이가 쑥스럽다는 듯이 보호자 뒤에 숨는다면 나무라지 말고 천천히 시간을 들여 알려 주세요. 다른 사람을 만나거나 누군가가 인사를 해 오면 함께 "안녕하세요"라고 인사하는 거라고 말이죠. 놀러 가기 전에 미리 알려 줘도 좋습니다. "오늘 오랜만에 엄마랑 정말 친한 아줌마네 집에 갈 거야. 그 집에 가면 '안녕하세요' 하고 인사해야 한다?"라고요. 이 시기에 훈련이 잘된 아이들이 유치원이나 초등학교에 가서도 인사를 곧잘 하게 됩니다.

아이가 인사에 소극적일 때 흔히들 "우리 아이가 쑥스러움을 많이 타서요" "우리 아이가 낯을 많이 가려서요"라면서 부모가 대신 변명을 하거나 인사를 하곤 합니다. 그리고 이 과정이 반복되면 아이는 자신이 말을 하지 않아도 괜찮다고 여기게 됩니다. 언제든 엄마나 아빠가 대신 해 줄 테니까요. 하지만 그래서는 언제까지고 아이의 말하기 실력은 늘지 않습니다.

한편 말이 많고 적음은 아이의 내·외향성과는 크게 관련이 없습니다. 특히 이 시기(유아기)는 더더욱 그렇고요. 대부분의 미취학 아동은 내향적이든 외향적이든, 새로운 단어를 배우게 되면 이를 말로 표현하고 싶다는 욕구를 느낍니다. 그런데 부모가 아이를 대신해 말을 해 주는 경우가 많아지면, 아이는 자신의 (언어표현) 욕구를 제대로 발산하지 못하게 됩니다. 그러니 조금 답답하더라도 아이가 직접 말하게 하세요. 이 부분만 유의해도 내향적인 아이의 말하기는 훨씬 자연스러워질 수 있습니다.

엘리베이터에서 한 할머니가 아이에게 "이쁘구나. 몇 살이니?"

하고 물어보는 상황을 가정해 봅시다. 이때 보호자가 대신 "다섯 살이에요"라고 대답하기보단, 아이의 눈동자를 보면서 네가 직접 말해도 된다는 듯이 고개를 끄덕여 줍니다. 이때 내향적인 아이는 대개 말을 꺼낼 때까지 시간이 좀 걸리는데요, 그래도 부모가 담담하게 기다려 주면 아이는 끝내 "다섯 살"이라고 스스로 대답하며 자신의 표현 욕구를 채우게 됩니다.

아이가 어린이집이나 초등학교에 가서 자기가 놀고 싶은 것, 하고 싶은 것을 제대로 말하지 못해서 나중에 후회하는 경우가 있습니다. 아이가 속상해하는 모습을 보면 부모 역시 덩달아 속상해지기도 하죠. 부모들이 흔히 하는 오해 중 하나가 아이의 교류 관계를 원활하게 하려면 무조건 배려하고 양보하도록 가르쳐야 한다고 믿는다는 점입니다. 사실 배려와 양보는 꽤 높은 차원의 도덕적 기준입니다. 이 시기의 아이들은 타인에게 양보하고, 배려하는 것 이전에 '공정'을 우선적으로 배워야 합니다.

형이랑 동생이 같은 장난감을 가지고 놀고 싶어 하는 상황을 가정해 봅시다. 이런 경우, 장난감을 먼저 집은 아이에게 우선권을 주고 다른 아이에게는 이렇게 말해 주는 겁니다. "형이 먼저 놀기 시작했으니까 형 다 놀고 난 다음에 지우가 가지고 노는 거야. 시곗바늘이 숫자 '10'을 지나가면 형한테 '이제 내 차례야'라고 말하렴" 하고요.

만약 둘 다 동시에 가지고 놀겠다고 하면 가위바위보 같은 게임으로 순서를 정합니다. 아이들이 좋아하는 간식을 줄 때도 마찬가지입니다. "형이니까 양보해"라고 말하지 말고 형, 동생 모두에게 똑같이 공정하게 줍니다. 이렇듯 가정에서 공정하다는 감각을 배운 아이들은 유치원이나 초등학교에 올라가서도 자기 몫을 당당히 주장하게 됩니다. 무조건 양보나 배려하라는 말부터 듣고 자란 아이와는 상당히 다른 양상을 보이게 되죠.

한편 내성적인 줄로만 알고 있던 우리 아이가 사실은 언어 발달이 무척이나 지연된 상태였음을 초등 저학년이 되어서야 알게 되는 경우도 있습니다. 언어 발달이 늦어지면 다른 아이와 어울리기가 어려워지고 결국 혼자 있는 시간이 많아집니다. 그렇게 상호 교류 없이 혼자 장난감을 가지고 노는 시간이 늘어나면 자연히 말할 기회도 줄어들어 언어 발달이 더욱 지연되는 악순환이 반복됩니다. 만약 아이가 답답할 정도로 말수가 적다고 느껴진다면, 이는 단순히 내향적이어서 그런 게 아니라 언어 발달이 지연된 것일 수 있으니 더욱더 세심하게 관심을 갖고 지켜볼 필요가 있습니다.

초등학교에 입학하기 전까지 대부분의 아이들은 내향적이든 외향적이든, 어느 정도 자기 이야기를 하는 것을 좋아합니다. 그런데 아무리 물어봐도 아이가 어린이집이나 유치원에서 있었던 일들을 이야기해 주지 않거나 '잘 모른다'라고 말하며 대답을 회피하면 더욱더 유심히 살펴봐야 합니다. 이런 경우, 부모가 아이의 연령 수준에 맞는 동화책을 읽어 주면서 중간중간 이야기의 흐름상 이다음에 일어날 일들을 물어봐 주면 좋습니다. 언어 발달 과정에 문제가 없는 아이라면 방금 엄마가 읽어 준 내용을 바탕으로 다음 장면을 상상하거나 예상해서 대답하는 데 전혀 문제가 없을 겁니다. 그런데 만약 언어 발달이 지연된 경우라면, 좀처럼 내용의 흐름에 대해 갈피를 잡지 못합니다. 아이가 자꾸 내용과는 상관없는 엉뚱한 대답을 하거나 잘 모르겠다는 말만 반복한다면 전문 기관에서 언어 발달 검사를 해 보는 것이 좋습니다. 언어 발달은 인지발달과도 긴밀하게 연결되어 있으므로, 미취학아동인데 말수가 너무 적다 싶은 경우 주의 깊게 살펴봐야 할 부분입니다.

그렇다면 말수가 없는 아이들의 입을 틔워 주기 위해 보호자는 무엇을 해 줄 수 있을까요? 우선 시각, 촉각, 청각, 미각적 자극을 주고 그 자극에 대한 표현을 자주 하게끔 유도해 주세요. 감각적 자극을 언어화하는 과정은 아이의 감성을 풍부하게 해 줄 뿐 아니라, 표현 자체에도 생동감을 더해 줄 수 있습니다. 표현은 언어로만 하는 게 아닙니다. 몸 전체로 말을 할 줄 알아야 제대로 표현하는 것입니다. 똑같은 음식을 먹어도 단순히 "맛없어" "맛있어"라고 표현하는 아이와 표정, 동작, 감탄사를 덧붙여서 다채롭게 표현하는 아이의 언어표현력은 차이가 날 수밖에 없습니다. 이 차이는 양육자들이 아이에게 어떤 질문을 던지느냐에 달려 있습니다. 음식의 색깔은 어떤지, 냄새는 마음에 드는지, 맛이 짜거나 싱겁지는 않은지 등의 감각들을 구체적으로 나누어 질문을 해 주면, 아이들로서도 이를 하나하나 나눠 생각하고 표현하는 과정에서 언어표현력이 좋아집니다.

또한 부모부터 자신이 원하는 걸 스스럼없이 말할 수 있어야 아이 역시 안심하고 자연스럽게 자기 이야기를 하게 됩니다. 여기서 말하는 '원하는 것'이란 자신의 욕구에 대한 표현을 의미합니다. 알게 모르게 많은 어른이 자신의 욕구를 함부로 표현하면 안 된다고, 그건 예의 있는 행동도, 상대방을 배려하는 행동도 아니라고 배워 왔습니다. 직장 동료나 친구와 만나 메뉴를 정할 때도 곧잘 "난 아무거나 괜찮아"라고 대답하곤 하죠. 자녀와 함께 외식할 때만큼은 아무거나 괜찮다고 하기보다, 각자 정말 먹고 싶은 메뉴들을 떠오르는 대로 다 말하는 편이 좋습니다. 그중 하나를 공정하게 고르는 과정, 그때 나누는 대화 자체가 아이에겐 표현력 수업과도 다름없습니다. 그 과정이 아이로 하여금 자기 욕구를 알게 하고, 그걸 남 앞에서 표현하게 하고, 또 남을 설득하거나 자신이 설득되는 경험으로 이어지면서 아이의 표현력을 한층 끌어 올립니다.

말수가 적은 아이의 입을 틔워 주려면?

① 아이 대신 인사하거나 대답하지 않는다

부모가 계속 대신 말해 주면 아이는 '굳이 내가 말하지 않아도 괜찮다'라고 학습하게 된다. 아이가 쑥스러워해도 직접 인사하고, 대답할 수 있도록 기다려 주자.

② 상황을 미리 알려 준다

"오늘 엄마 친구 집에 가면 '안녕하세요'라고 인사하는 거야" 식으로 상황을 미리 예고하면 아이도 마음의 준비를 할 수 있다.

③ 배려나 양보가 아닌, '공정'부터 가르친다

"형이니까, 동생이니까 양보해"라는 말보다는 가위바위보 같은 게임을 통해 공정하게 순서를 정하고 이를 지키는 경험이 아이로 하여금 타인에게 당당하게 자기주장을 할 수 있도록 돕는다.

④ 말수가 너무 적다면 언어 발달이 지연되고 있는 건 아
   닌지 의심해 본다

단순히 내향적인 것과 언어 발달이 지연되는 건 전혀 다
른 문제이다. 아이가 지나치게 말수가 적다면 연령에 맞
는 동화책을 읽어 주고 다음 장면이 어떻게 흘러갈지 질
문해 본다. 만일 엉뚱한 대답을 하거나 잘 모르겠다는 대
답만 반복한다면 전문 기관에서 검사를 받아 볼 필요가
있다.

⑤ 감각적 경험을 언어로 표현하게 한다

"색깔이 어때?" "입안에서 어떤 느낌이야?" 같은 구체적
인 질문은 아이의 어휘와 표현력을 동시에 키워 준다.

⑥ 가족도 함께 '욕구 표현'을 연습한다

"아무거나" 대신 "나는 파스타가 먹고 싶어"처럼 원하는
걸 솔직하게 말하고, 서로 조율하는 대화 과정 자체가 아
이에게는 자기표현 훈련이 된다.

집착하는
아이 1

: 왜 먹는 것, 이기는 것, 인정받는 것에 집착할까?

인간이라면 무릇 다양한 욕구를 느끼기 마련입니다. 특히 초등 시기는 다양한 욕구들에 대한 조절감을 익히는 거의 마지막 시기라 할 수 있지요. 교실에서 아이들을 보면 유독 특정한 욕구 상황에 자기조절력을 잃어버리는 아이들이 있습니다. 이렇듯 욕구에 대한 자기조절력을 잃고 무언가에 집착하게 되면, 그만큼 타인과의 관계에서 문제를 일으킬 가능성이 더 높아집니다. 지금부터 아이들이 욕구 조절에 실패하고 집착하는 것들에는 무엇이 있는지, 그리고 그런 상황에 부모가 할 수 있는 일은 무엇인지 알려 드리고자 합니다.

우선 먹는 것에 집착하는 아이부터 살펴볼까요? 먹는 것에 집착을 보이는 아이들의 경우, 배가 부를 만큼 충분히 급식을 먹었는데도 계속해서 급식을 더 받습니다. 식판에 두 번, 세 번 끝없이 받아 갑니다. 물론 한창 많이 먹을 나이고 식성이 좋은 아이도 있지요. 하지만 식성이 좋은 것과 먹는 것에 집착하는 건 다릅니다. 먹는 것에 집착하는 아이들은 점심시간에 노는 걸 포기하면서까지 급식을 계속 받아 갑니다. 급식 시간이 끝나 가도 더 먹을 게 없는지 급식대 주변을 서성이지요. 이는 단지 밥을 천천히, 많이 먹어서 그런 게 아닙니다.

먹는 것에 집착하는 아이들의 경우 한 가지 공통점을 보이는데, 단 음식에 특히 더 민감하게 반응한다는 점입니다. 과자나 음료 등 단 음식에 강한 집착을 보이는 아이들은 급식 시간이 끝나도 뭔가 더 먹을 게 없는지 군것질거리를 계속 찾습니다. 만약 뜻대로 안 될 경우 예민해지거나 짜증이 잦아집니다. 그리고 당장 뭔가 번거로운 일을 해야 할 때 무기력한 모습을 보이거나 무척 귀찮아합니다. 사회성 발달에 치명적이지요. 물론 편중된 식습관 때문에 건강에도 장기적으로 좋지 않은 영향을 받을 수밖에 없고요.

언젠가 한번은 당 중독에 빠진 아이가 다른 아이의 가방을 뒤지는 경우도 있었습니다. 4학년인 수현이는 간식으로 늘 초콜릿이나 젤리, 단 음료를 싸 왔는데요. 학교에 외부 음식을 가져오면 안 된다고 몇 번이나 주의를 줬지만, 엄마가 싸 준 거라면서 말을 듣지 않았습니다. 나중에 알아보니, 사실은 엄마가 싸 준 것도 아니었고, 본인이 거의 매일 편의점에서 사 오는 것이었죠. 수현이 어머니도 안 되겠다 싶으셨는지, 아이에게 용돈을 아예 주지 않은 적이 있었는데요. 돈이 없어 군것질거리를 사 오지 못하자 수현이는 체육 시간에 배가 아프다면서 보건실에 가는 척을 하고 교실로 가 다른 아이들의 가방을 몰래 뒤지며 과자 같은 게 없는지 찾고 있었습니다. 이쯤 되면 욕구에 대한 집착 수준을 넘어 당에 '중독된' 상황이라고 봐야겠지요.

초등 시기 먹을 것에 대한 과도한 집착은 심리적 스트레스 때문이라기보다는 미취학 시기에 잘못 자리 잡은 식습관 때문일 가능성이 더 큽니다. 이를테면 유년기 시절 아이들에게 배고픈 상황을 조금도 허용하지 않는 경우, 음식에 대한 집착이 강박적인 수준에 이르게 될 가능성이 있습니다. 식탁이나 냉장고, 테이블 등 먹을 것이 언제 어디에든 준비돼 있는 환경은 아이의 식습관이 올바르게 자리 잡는 데 바람직하지 않습니다. 때로는 냉장고를 열었는데 마실 음료가 없을 때도 있어야 합니다. 그 순간 아이는 단념하는 법을 배우거든요. 집착은 부족해서 생기는 것이 아닙니다. 포기할 줄 몰라서 지속되는 겁니다. 특히 어린 시절 만화영화 등을 보면서 아이스크림 같은 단 음식을 먹는 것도 좋지 않습니다. 일정한 시간에 식사를 하는 것, 그리고 적당량의 간식을 먹고 바로바로 치우는 습관을 들이는 게 중요합니다.

음식에 집착하는 아이가 있는가 하면, 승부에 강하게 집착하는 아이들도 있습니다. 물론 성향상 승부사 기질이 있는 아이들이 있는데요. 이런 아이들은 경쟁하는 상황에 대해 다른 아이들보다 스트레스를 덜 받습니다. 경쟁 과정을 즐기기도 하고요. 하지만 여기서 말하는 승부에 집착하는 아이들은 그런 건전한 승부사적 성향을 지닌 아이들과는 또 다릅니다. 무조건 이기려고만 들죠. 승부에 집착하는 아이는 체육 시간이나 점심시간에 친구들과 운동경기를 하며 놀 때 자주 다툼을 일으킵니다. 오직 이기는 것만이 중요하기 때문에 팀원 중 게임을 잘 못하는 아이가 있으면 심하게 다그칩니다.

"너 같은 게 우리 편이라 또 지겠네."

이런 식으로 시합도 하기 전부터 내부 분열을 일으키거나 실수를 저지른 친구에게 분에 못 이겨 마구 화를 내기도 합니다. 결정적으로 이런 아이들은 시합에서 졌음에도 승부를 인정하지 않아요. 심지어 놀이 중에 이기기 위해서 반칙이나 변칙을 사용하는 데 거리낌이 없습니다. 이는 승부사 기질이 있다기보다는 그저 승부에 집착하는 거라고밖에는 표현할 길이 없습니다. 승부사 기질이 있는 아이들은 경쟁 과정에서 불안이나 스트레스를 덜 느낀다뿐이지 승부 과정에서 반칙을 하거나 결과에 승복하지 않는 건 아니거든요.

그렇다면 대체 무엇이 아이들을 이토록 이기는 것에 집착하게 만들었을까요? 첫 번째로 잘했을 때만 인정받으며 성장한 아이들의 경우, 이기는 것에 집착하는 모습을 보이곤 합니다. 어떤 일에 실패했더라도 그 과정을 인정받으면 괜찮은데, 과정을 인정받기보단 결과만 놓고 칭찬을 받았을 때 이런 성향이 강해져요. 두 번째로는 아이가 울거나 슬퍼하지 않도록 일부러 져 주는 환경에서 자라난 아이들일수록 커 가면서 이기는 것에 상당히 집착하는 경향을 보이게 됩니다. 가족이 함께 보드게임을 할 때 자기 패나 게임의 진행 양상이 마음에 들지 않으면 무작정 울고 보는 아이들이 있습니다. 이때 우는 걸 멈추게 하려고 바로 패를 바꿔 주기나 아이에게 유리한 쪽으로 게임의 룰을 조작해 줘 버릇하면 아이는 자신이 지는 상황을 견디지 못하게 됩니다.

이때 필요한 건 부모의 적극적인 개입이 아닌, 작은 공감입니다. "보드게임에 져서 속상하겠다" 정도인 겁니다. 게임에서 져서 운 정도로는 자존감에 치명적인 영향을 받지도, 정신건강이나 발달 과정에 무슨 큰 문제가 생기지도 않습니다. 아이가 우는 건 그저 자기가 진 상황이 기분 나쁘고, 그 기분 나쁜 감정을 어떻게 소화해야 할지 알지 못해서 그런 것입니다. 보드게임에서 진 정도로는 아무

일도 일어나지 않는다는 걸 알아야 아이가 이기는 게 아닌 승부 그 자체를 즐길 수 있게 되는 겁니다. 그러니 게임 중 아이가 울더라도 별도의 조작 없이 승부를 계속 이어 가세요. 단, 아이가 규칙을 잘 지키면서 게임을 마무리했을 때는 제대로 칭찬해 주는 게 좋습니다. 승부에서 졌더라도 얼마든지 다시 시작할 수 있고, 또 게임은 그것만 있는 것도 아니라는 걸 알려 줘도 좋고요. 이렇듯 결과를 인정하고 재도전하는 과정은 승부에 집착하는 게 아닌, 건전한 경쟁심과 도전정신을 갖게 하는 계기가 됩니다.

마지막으로 먹는 것, 이기는 것 외에 '인정받는 것'에 과도하게 집착하는 아이들이 있습니다. 주로 저학년 시기에 이 같은 경향이 겉으로 드러나기 시작하고, 만일 제때 이 문제가 해결되지 못하면 고학년에 가서는 집착을 넘어 분노에 가까운 모습으로 표출됩니다. 이 아이들은 누군가 자신을 칭찬하거나 인정해 줄 때 강한 쾌감을 느끼지만, 그 반대 상황은 견디기 힘들어합니다. 특히 "너 정말 똑똑하다" "너는 늘 최고야" 같은 말을 익숙하게 듣고 자란 아이일수록, '최고가 아닐 때의 자신'을 받아들이지 못합니다. 지우라는 아이가 있었습니다. 딱히 엄청 중요하지는 않은 수행평가에서 실수로 만점을 받지 못했습니다. 하루 종일 울었지요. "나는 잘했는데 선생님이 몰라줬어"라며 억울함을 호소했고, 다른 친구들이 자신보다 높은 점수를 받았다는 것에 거의 분노에 가까운 모습을 보였습니다. 이런 아이들은 결국 자신이 이룬 성취보다 ‘인정’ 자체에 중독되어 끊임없이 남과 자신을 비교하고 타인의 시선을 의식하게 됩니다. 결과적으로 자존감 형성에도 문제가 생기게 되고, 외부 평가에 따라 기분이 극단적으로 흔들립니다.

인정 집착을 완화하기 위해서는 초등 저학년 시기부터 아이에게 ‘성과 중심의 칭찬’이 아닌 ‘과정 중심의 피드백’을 해 줘야 합니다. “잘했어”보다 “끝까지 해냈구나”나 “포기하지 않고 다시 시도했구나” 같은 피드백이 아이의 의욕을 올바른 방향으로 이끌어 줍니다. 또한 부모가 먼저 자신의 실수나 부족함을 자연스럽게 인정하는 모습을 보여 주는 것도 효과적입니다. 아이가 실수했을 때 즉시 지적하거나 보상으로 달래는 대신, “속상하지? 그래도 네가 해 보려고 노력한 건 정말 중요했어”처럼 아이의 감정을 말로 풀어내게 하는 대화가 필요합니다. 그리고 이런 말 한마디가 아이의 ‘인정에 대한 욕구’를 ‘자기 성장을 향한 욕구’로 바꾸는 출발점이 됩니다.

집착하는 아이 대응 가이드 (1)

① 먹는 것에 집착하는 아이

• 배가 부른데도 급식을 계속 더 받아 오면 지켜본다

성장기라서 '많이 먹는 것'과 '집착'은 다르다. 노는 시간까지 포기하면서 계속 먹기만 한다면 사회성 발달에 악영향을 미칠 수 있으므로 교정이 필요하다.

• 음식을 상시 두지 않는다

집착은 부족해서가 아니라 '포기해 본 경험'이 없어서 생긴다. 냉장고를 열었는데 마실 음료가 없을 때도 있어야 한다.

• 간식은 정해진 시간, 정해진 양만 제공한다

식사 후 자기 자리를 바로 치우는 습관이 음식에 대한 집착을 줄이는 데 도움이 된다.

② 승부에 집착하는 아이

• 결과보다 과정을 인정해 준다

잘했을 때만 칭찬을 해 주면 결과에 집착하는 아이로 성장할 가능성이 높아진다. 아이가 승부에서 지더라도 그 과정과 규칙을 지키려는 노력 등을 칭찬해 준다.

• 울어도 결과를 바꿔 주지 않는다

지는 경험을 견디는 훈련도 필요한 법이다. 이때 부모가 해 줄 수 있는 건 작은 공감 정도로, 아이의 울음을 그치게 하려 일부러 게임에 변칙적인 규칙을 적용하거나 일부러 져 주지 않는다.

• 규칙 준수와 재도전을 격려한다

승부를 인정하고 다음 기회를 준비하는 경험이 아이 안에 건전한 경쟁심을 자리 잡게 만든다.

③ 인정받고 싶은 욕구에 집착하는 아이

• 칭찬은 '결과'보다 '과정'을 중심으로 한다

"잘했어"보다 "끝까지 해냈구나" 처럼 과정에 집중한 칭찬이 아이의 의욕을 올바른 방향으로 이끈다.

• 실수했을 때 즉시 지적하지 않고 감정을 말로 풀게 한다

"속상하지?"처럼 감정을 인정해 주는 표현이 인정에 대한 집착을 성장을 향한 욕구로 바꾸는 첫걸음이 된다.

• 부모가 먼저 '실수해도 괜찮다는 것'을 보여 준다

아이에게 완벽하지 않아도 괜찮다고, 완벽해야만 사랑받을 수 있는 게 아니라고 말과 행동으로 보여 준다.

집착하는 아이 2

: 아이들은 왜, 그리고 어떻게 친구에게 집착할까?

이번에는 유독 친구에 집착하는 아이들에 대해 살펴볼까 합니다. 이런 아이들은 두 가지 유형으로 나뉩니다. 상대방을 통제하는 방향으로 집착하는 아이, 그리고 반대로 상대방에 종속되는 방식으로 집착하는 아이. 상대방을 통제하는 방식으로 집착하는 아이의 경우, 처음에는 친구에게 친절하게 대해 줍니다. 그리고 점차 작은 약속을 주고받으며 자기들끼리의 규칙을 정합니다. 화장실을 같이 간다거나, 등교 시간에 어디서 만나서 같이 교실에 들어가자거나, 똑같은 샤프나 열쇠고리 같은 걸 같이 가지고 다니는 식으로요. 여기까지는 좋습니다. 그런 식으로 계속 유연하게 관계를 유지하면 더할 나위가 없기도 하고요.

　문제는 한쪽이 상황을 통제하려 들거나, 자기들끼리 정한 약속이 완벽하게 지켜지지 않는다는 생각이 들 때 짜증이나 화를 내면서 다른 한쪽을 마구 휘두르려 할 때 발생합니다. 이런 경우엔 대체적으로 관계가 좋지 않은 방식으로 파국을 맞습니다. 처음 한두 달은 서로에 대한 애착을 확인하면서 밀접한 관계를 유지하지만, 점차 한쪽이 통제받는다는 감각, 이리저리 휘둘린다는 감각을 느끼게 되면서 다툼이 잦아집니다. 과거에는 서로 얼굴을 보며 다퉜지만, 요즘에는 카톡으로 심한 말을 주고받다가 그길로 관계가 종료됩니다. 서로 언제 친했는가 싶을 정도로 냉랭해져 며칠 동안 말도 하지 않습니다.

　다만 저는 통제적으로 집착하는 아이와의 관계에서는 오히려 다툼이 생기는 걸 다행이라 여깁니다. 굳이 그 둘을 불러 다시 친하게 지내라고 당부하거나 억지로 둘 사이를 중재하지도 않고요. 집착으로 친구를 통제하려는 아이는 그 다툼을 통해 자기 스스로를 들여다볼 기회가 생깁니다. ‘왜 저 아이는 내가 원하는 대로 움직이지 않을까’ 하고요. 그나마 집착의 단계가 아직 초기인 경우, 이러한 다툼은 외려 도움이 되기도 합니다. 자기성찰의 기회가 되니까요. 집착으로부터 벗어나려 했던 아이 역시 아직 관계를 맺는 데 서툴기 때문에 감정적으로 반응한 부분이 없잖아 있지만, 엄밀히 따지

자면 이는 아주 건강한 모습입니다. 자신을 통제하려는 상황에 저항하는 건 무의식의 건강한 발현이라고 볼 수 있으니까요. 문제는 분명 어느 한쪽이 일방적으로 통제를 당하고 있는데 이에 저항하지도 않고, 서로 다투는 일도 없을 때, 그래서 그대로 다른 아이에게 종속될 때 발생합니다.

이 경우 다툼이 생기지 않는 이상, 겉으로 보기엔 여전히 서로 친해 보이고 별문제 없어 보입니다. 그런데 실은 이 관계가 통제적 집착에 타협한 결과로 이어진 종속 관계라면 어떨까요? 상대를 통제하고 집착하려 드는 아이는 앞으로의 대인관계에서 항상 모두가 자기에게 집중해 주기를 바라는 성향이 더욱 뚜렷해집니다. 이는 자연스럽게 자기애적 애착 장애의 수순을 밟게 되는 방향으로 이어지고요. 반면 종속된 아이 쪽은 자기 자신의 존재감을 서서히 상실해 갑니다. 또 대인관계의 폭이 제한되기 때문에 사회성을 배우고 발달시켜야 하는 시기를 그냥 흘려보내게 됩니다. 결과적으로 불안정한 애착 장애를 보이게 되죠.

이제 반대의 경우를 살펴보겠습니다. 통제가 아닌 스스로 종속되기를 선택하는 집착. 그럴 수가 있나 싶겠지만, 의외로 적지 않은 아이들이 이런 경향을 보이곤 합니다. 스스로를 피해자의 위치, 혹은 소극적 위치에 놓는 아이들. 이런 아이들은 쉽게 표현하면 어떻게든 주인의 비위를 맞추려는 하녀처럼, 상대방의 마음에 들기 위해 애씁니다. 대표적으로 내가 소중하다고 생각하는 물건이나 (초등학생 입장에서) 비싼 물건을 선물이라고 하면서 갖다 바칩니다. 체험학습 때 어떻게든 그 친구와 버스 옆자리에 앉기 위해서 일주일 혹은 그 이전부터 확인 작업에 들어갑니다.

이게 집착인지 아닌지를 구분하는 방법은 간단합니다. 상대 아이가 "어떡하지? 나 벌써 민지랑 같이 앉기로 했어"라고 대답했을 때, 바로 포기하고 다른 친구를 찾는 모습을 보이면 괜찮은 겁니다. 물론 서운한 마음은 들겠죠. 하지만 서운한 마음을 가지고 있으면서도 일단 포기하고 다른 방안을 찾는 아이는 집착에 대해 걱정할 필요가 없습니다. 그런데 거절을 받아들이지 않고 다시 카톡을 보내거나, 세상이 무너진 듯 낙담하는 아이가 있습니다. 심지어 같이 가자는 확답을 받았는데도 불안해하면서 그걸 계속 확인하는 모습을 보이기도 하고요. 그런 아이들은 자기가 좋아하는 그 친구가 나를 떠나갈까 봐 늘 노심초사합니다.

종속적인 집착은 '불안'에서 기인합니다. 더 엄밀히 표현하자면 '버림받을지도 모른다는 불안'에서 기인한다고나 할까요. 이 같은 불안은 영유아기에 건강하고 안정적인 애착 관계를 형성하지 못한 경우에 주로 발생합니다. 이를테면 주양육자가 자주 바뀌었다거나, 주양육자가 자녀의 욕구에 제대로 관심을 갖고 살펴 주지 않았다거나, 주양육자가 예고 없이 아이와 오랜 기간, 혹은 자주 떨어저 지냈다거나(예를 들어 열흘 밤만 자고 온다고 했는데, 그날이 지나도 오지 않거나 연락이 안 되거나) 하는 경우 주양육자와의 신뢰 관계를 형성하지 못했기 때문에, 늘 외롭고 불안한 감각에 시달리게 됩니다. 그리고 바로 그 외로움과 불안을 없애려 누군가에게 계속 매달리게 되는 거예요.

위에서 언급한 통제 집착, 종속 집착 모두 애착에서 비롯되는 경우가 많습니다. 타인에게 종속되고자 하는 집착이 불안정 애착으로부터 기인한다면, 타인을 통제하고자 하는 집착은 반대로 과잉 애착에서 출발한다고 보면 됩니다. 이러한 부적절한 애착들은 결국 아이의 자기중심성을 강한 자기애적 성향으로 옮겨 놓습니다. 쉽게 말하자면, '세상이 나를 중심으로 돌아가야 한다'라는 차원을 넘어 '나를 사랑하는 타인으로 둘러싸인 세상, 그리고 그 중심에 있는 건 나'가 되어야 한다는 거죠. 자기애적 성향이 심화되어 타인에게 강한 집착을 보이는 아이를 보면 무서울 때가 있습니다. 그 아이들은 자신을 사랑해 주지 않는 다른 사람을 드러내지 않고 공격하거나, 어떻게든 자신에게 종속시킬 구실을 만들어 내기도 합니다. 때로는 스스로를 피해자처럼 보이게 만들어 상대방의 자책을 유도하는 식으로 말이죠.

이 같은 강한 집착 성향을 방지하기 위해서는 영유아기 시기에 아이와 안정적인 애착 관계를 형성하고 시기에 맞게 보호자나 그에 준하는 타인으로부터 분리되는 과정을 거쳐야 하는 수밖에 없습니다. 아이가 만 3세 되기 전까지는 늘 누군가 곁에 있는 것이 좋습니다. 그리고 아이의 욕구에 반응해 주면서 신뢰 관계를 형성해야 하고요. 그 시기가 지나면 어린이집에도 가게 되고, 점차 아이의 활동 반경이 조금씩 넓어집니다. 일종의 분리 과정이 시작되고 서서히 확대되는 거라고 볼 수 있죠. 이 분리 과정이 확대될 때 아이가 예측할 수 있는 방향으로 진행되면 좋습니다. 이를테면 예고도 없이 아이를 늦게 데리러 가거나, (엄마가 데리러 오는 줄 알았는데) 예고도 없이 다른 사람이 데리러 가거나 하는 일은 지양해야겠죠.

많은 아이들이 혼자서도 잘 놉니다. 문제는 괜히 부모가 나서서 아이에게 '학교에서 혼자 놀면 안 된다'라며 불안을 심어 놓는 통에 아이가 불안한 상태로 취학 시기를 맞이한다는 겁니다. 학교 가서 혼자 놀면 왕따를 당할 수도 있다는 말을 자주 들으면, 아이들은 어떻게든 완벽한 내 편을 소유하려 애쓰게 되고, 그게 강박으로 이어지는 거죠.

그러니 아이가 학교에서 돌아오면 누구랑 놀았는지 묻지 말고 그저 오늘 하루 즐거웠는지를 물어봐 주세요. 같이 놀든, 혼자 놀든 잘 놀기만 하면 됩니다. 누군가에게 집착하는 아이는 잘 놀다 온 게 아닙니다. 자신의 에너지를 그 집착에 쏟아붓고 돌아온 것일 뿐입니다.

집착하는 아이 대응 가이드 (2)

① 친구를 '통제'하려는 집착

• 다툼이 생기면 억지로 화해시키지 않는다

관계 안에서 갈등이 드러나는 것은 아이가 스스로를 되돌아볼 계기가 된다. 다툼을 통해 아이는 '저 애는, 이 관계는 왜 내 뜻대로 안 될까?'에 대해 진지하게 고민해 볼 수 있다.

• 지속적인 통제 시도는 그대로 두지 않는다

친구를 늘 자기 뜻대로 휘두르려는 행동은 결국 관계를 파국으로 몰고 가는 것은 물론, 아이의 자기애적 성향을 강화시킬 뿐이다.

• 겉보기에는 친밀해 보여도 실상은 다를 수 있다

항상 붙어 다니는 모습이 통제와 종속의 결과라면, 사회성 발달 면에서 통제하는 쪽에도, 통제당하는 쪽에도 불리하게 작용할 수 있다.

② 스스로 '종속'되는 집착

• 거절당해도 포기하지 못하면 집착 신호로 본다

"이번에 다른 친구랑 앉기로 했어"라는 말에 바로 다른 방법을 찾는 아이에 대해서는 걱정할 필요가 없다. 만일 친구가 거절하는데도 아이가 계속 협상을 시도하거나 과도하게 낙담하는 모습을 보인다면 이는 집착 신호로 볼 수 있다.

• 선물이나 호의로 관계를 유지하게 두지 않는다

물건을 주거나 부탁을 들어주며 관계를 반강제적으로 이어 가려는 모습은 불안정 애착에서 비롯된 것이다.

③ 집착 예방을 위한 양육 습관

• 만 3세 이전엔 아이의 곁을 충분히 지키고, 그 이후엔 점차 예측 가능한 분리 경험을 쌓을 수 있도록 돕는다

가급적 예고 없이 아이를 데리러 가는 사람을 바꾸거나 시간을 바꾸지 않는다.

• '혼자 노는 시간'을 부정적으로 말하지 않는다

"혼자 놀면 왕따당한다" 같은 말은 아이에게 불안감을 심어, 내 편 확보에 집착하게 만든다.

• '누구랑 놀았는지'보다 '오늘 즐거웠는지'를 묻는다

집착형 아이는 잘 놀다 온 게 아니라 에너지를 타인에 대한 집착에 쏟고 온 경우가 많다.

또래 압력peer presure은 번역하기에 따라 '동료 압박' '동조 압력' '동류 집단 압박' 등으로도 불리는 사회학 및 사회심리학 용어입니다. 교육학에서는 아이들의 '사회성 발달'을 다룰 때 주로 등장하는 개념이고요. 이는 어떤 의사결정을 할 때, 또래집단에 속한 소수나 개인이 해당 집단 내에서 지켜지는 암묵적인 규칙이나 규범 등에 따라 선택을 하거나 이에 영향을 받는 현상을 의미합니다. 직장에서의 점심시간을 떠올려 봅시다. 다른 동료들이 전부 짜장면을 시키면 나도 왠지 짜장면을 시켜야 할 것 같은 그런 압박감의 종류가 또래 압력이라고 보면 됩니다. 초등 4학년 이상이 되면, 또래 그룹을 형성하는 아이들은 늘 이런 또래 압력에 노출되어 있다고 봐야 합니다. 사춘기 아이들이 또래 문화를 형성하고 서로 관계를 맺을 때, 이 또래 압력을 어떻게 수용하고 대처해 나가는지가 아이의 사회성 발달에 무척 중요한 지표가 됩니다.

학급에서 또래 압력은 다음과 같은 방식으로 드러납니다. 농구를 좋아하는 지우가 있어요. 그런데 반 남자애들은 주로 축구를 좋아합니다. 그들과 함께 있다 보니 지우 생각에도 왠지 농구하자는 말을 꺼내면 안 될 것 같아요. 그래서 점심시간에 매번 반 친구들과 축구를 합니다. 뭐 축구를 하는 것도 나쁘지는 않으니까요. 그런데 쉬는 시간에도 친구들은 매번 축구 경기, 축구선수, 축구화는 어떤 게 좋다는 등 축구 이야기만 하는 거죠. 솔직히 지우는 그 정도로 축구를 좋아하는 건 아니라서 친구들과의 대화가 슬슬 재미없게 느껴집니다. 그래도 자기만 딴 얘기를 하면 왠지 안 될 것 같다는 느낌(압박)에 축구와 관련해 검색해 보는 거예요. 선수 이름을 외우고, 이슈를 알아 두고… 그렇게 지내다 보니 어느새 다른 아이와 비슷해진 자기 자신을 보게 됩니다. 누가 축구 얘기 말고 다른 주제를 꺼내면 은연중에 '쟤는 뭐지?' 하는 시선으로 바라보는 거예요. '우리 반은 다들 축구 좋아하는 애들뿐인데, 쟤는 무슨 엉뚱한 소리를 하고 있는 거야?' 식으로 이제는 지우 본인이 스스로 나서서 집단 압박을 주게 됩니다.

위 사례에 등장하는 또래 압력은 아이들이 처음 경험하는 집단 무의식 압박입니다. 또래 압력이라는 게 노골적으로 나타나는 게 아니에요. '주변 돌아가는 분위기 보니까 나도 거기에 맞추지 않으면 안 될 것 같은 느낌'이 바로 또래 압박이거든요. 그리고 초등 4~6학년 사춘기 시기에 이런 과정을 직접 경험해 보는 것은 실로 중요합니다.

예전에는 또래 압력이라는 상황을 '극복해야 하는 어떤 부정적 상황'으로 봤습니다. 다만 근래에 들어서는 부정 및 긍정 기능이 모두 존재한다고 보는 견해가 더 지배적입니다. 또래 압력이 우리 팀으로 하여금 하나의 목표와 공동체의식을 갖고 어떤 프로젝트를 수행할 때 안전하고 효율적으로 힘을 발휘할 수 있도록 도와주기도 하거든요. 특히 또래집단 중에서도 다양성을 수용하는 건강한 집단은 이 또래 압력을 통해 안정감을 획득하기도 합니다. 게다가 이 또래 압력이란 건 피하고 싶다고 피할 수 있는 게 아니에요. 또래 압력을 자각하고 이를 취사선택해 나름대로 활용하는 단계까지 나아가야 사회성이 높게 발달했다고 할 수 있거든요. 그럼 지금부터 또래 압력을 어떻게 마주하고 건강하게 수용 또는 거부할 수 있는지, 그 방법과 과정에 대해 살펴볼까요?

맨 처음 대부분의 아이들은 이 또래 압박을 수용합니다. 이는 크게 어려운 일은 아니에요. 단, 수용하면서 '이런 게 또래 압력이구나'라고 의식하는 건 중요합니다. 예를 들어 나는 아이돌 댄스에 별 관심이 없지만, 다른 아이들이 모두 좋아하고 '이 정돈 알고 있어야지' 하는 분위기를 풍기고 있어요. 그래서 다른 아이들이 흥얼거리는 걸 따라서 같이 해 봅니다. 수용 단계이지요. 그런데 막상 해 보니 의외로 재미있고 즐거워요. 그럼 이는 또래 압박이면서도 동시에 내가 몰랐던 새로운 즐거움을 알게 해 주는 긍정적인 또래 압박인 겁니다.

물론 반대의 경우도 있습니다. 위 사례와 똑같은 상황이에요. 주변 친구들이 '아이돌 춤 중에서 이 정도는 출 줄 알아야지' 하는 분위기를 풍기고 있어요. 그래서 관심을 갖고 시도해 봅니다. 그치만 아이돌 춤을 연습해 봐도 그다지 즐겁지 않고 딱히 더 해 보고 싶은 마음도 안 들어요. 그보다는 내가 좋아하는 다른 음악을 더 듣고 싶어요. 그렇다면 이제 또래 압력을 마주할 마음의 준비를 해야 합니다. 보통 이런 문제를 부모에게 상담하면 "그 그룹에서 나와. 차라리 너랑 비슷한 다른 친구를 만나렴" 식으로 조언을 해 줍니다. 하지만 그게 그렇게 쉬운 문제가 아니에요. 무소의 뿔처럼 홀로 나오는 건, 아이들 용어로 '자발적 왕따'를 자처하는 것과 다름없어요. 사회성 발달 측면에서는 오히려 또래집단 안에서 자신의 영역을 조금씩 넓혀 나가는 것이 이상적입니다. 그러자면 다른 친구들의 아이돌 사랑을 인정하면서, 내가 좋아하는 분야를 조금씩 알려 줘야 합니다. '그건 별로야'가 아니라 '나는 이런 것도 좋더라' 하면서 나만의 관심 분야(음악 장르)를 노출시키는 거예요.

위와 같은 과정이 쉬운 건 아닙니다. 그렇게 내가 좋아하는 음악을 들려줘도 반응이 별로일 수 있고, '별로야' '촌스러워'처럼 상처 받을 만한 피드백이 돌아올 수도 있거든요. 무시당했다는 생각에 화도 나고 얼굴이 막 화끈거릴 수도 있겠지만, 이 순간이 정말 중요합니다. 이때 방어적 자세를 취하면서 "야! 네가 좋아하는 아이돌은 마약했다는 유튜브 짤이 있던데?" 식으로 되받아치면 관계는 손을 쓸 수 없을 만큼 엉망진창이 됩니다.

반대로 내가 좋아하는 장르의 음악을 들려주었을 때, "와 이거 느낌 좋다"라면서 외려 그룹 안에서 다양성이 수용되는 경우가 있습니다. 처음에 저는 왜 어떤 그룹에서는 또래 압력 때문에 다양성이 수용되지 않고, 어떤 그룹에서는 또래 압력이 있지만 새로운 장르가 수용되는지 궁금했습니다. 도대체 이 두 집단 사이에는 어떤 차이가 있을까 하고요.

혹시나 또래 그룹의 단계적 성장 과정 같은 게 있을까 싶어 유심히 관찰해 보았지만, 예상외로 또래집단의 단계적 성장 경향은 찾아보기 어려웠습니다. 아이들 세상에서 새로운 것을 받아들이는 조율 능력이 집단 안에서 단계적으로 성장하는 건 아니라는 소리죠. 다양성이 수용되고 말고의 문제는 집단의 단계적 성장보다도 해당 집단 안에 자존감이 높은 아이가 한 명이라도 있느냐 없느냐에 따라 달라졌습니다. 집단에 자존감이 높은 아이가 한 명이라도 있으면, 구성원들 사이에서 또래 압력은 긍정적으로(다른 성격이나 취미를 포용하는 방향) 작동하는 경향을 보였습니다.

또래집단 간에 생기는 갈등은 담임교사가 개입해도 적절한 타협점을 찾기가 무척 어려운데, 이처럼 자존감 높은 아이가 한 명이라도 있으면 타협점을 찾기도 수월해지고 문제를 빠른 단계에서 수습할 수 있습니다. 심지어는 교사가 알아채기도 전에 알아서 문제를 해결하고 융화 작업을 마무리해 두기도 합니다.

이 때문에 저는 항상 사회성 발달 시기를 앞두고 아이의 자존감 형성에 각별히 신경을 써야 한다고 강조합니다. 자존감이 높은 아이는 스스로를 존중하는 만큼 타인도 존중할 줄 압니다. 또래 압박도 인정하면서 동시에 그로부터 자기 자신을 잘 지킬 수 있다는 말이죠. 여기서 오해해서는 안 되는 부분이 있습니다. 아이의 자존감을 높여야 한다는 말을 '자기애가 가득한 아이로 키워야 한다'라고 잘못 이해해서는 안 된다는 겁니다. 자기애가 지나친 아이들이 또래집단을 형성하면 그 집단은 폐쇄적이고 부정적인 방향으로 흘러갈 가능성이 높습니다. 반면 자존감이 높은 아이는 집단 안에서 또래 압력을 긍정적인 에너지로 바꿔 줍니다. 바로 이 때문에 그룹의 리더는 자존감이 높아야 하는 거예요. 낮은 자존감과 비뚤어진 애착을 겉으로만 그럴듯하게 포장해 그룹에서 리더의 역할을 하고 있으면, 그 그룹은 다른 그룹과 늘 마찰을 일으킬 뿐만 아니라 머잖아 그룹 자체가 해체되는 수순을 밟게 됩니다.

어른들도 마찬가지입니다. 내가 속한 그룹이 압력도 심하고 갈등 역시 잦다면, 이 그룹에 어떻게 폭탄을 던질까 고민하기보다, '아 우리 그룹에는 자존감이 높은 사람이 아무도 없구나'라고 생각하면 됩니다. 그러고는 우선은 내 자존감부터 점검해 보는 겁니다. 그게 또래 압력에 대응하는 가장 현명한 대처방안입니다. 그룹을 떠나는 건 나의 목적이 바뀌었을 때여야 합니다. 또래 압력이 견디기 힘들어 그룹을 떠나게 되면 나중에 후회하게 될 가능성이 높아요. 어차피 내 자존감을 점검하지 않은 상태에서는 다른 그룹에 가도 똑같은 패턴으로 어려움을 겪을 가능성이 큽니다. 자존감이 높은 사람이 속한 그룹을 만나는 게 참 어려운 일이거든요.

또래 압력 마주하기 대응 가이드

① 아이가 주변 분위기에 맞춰 행동할 때, 무조건 나쁘게 보지 않는다

또래 압력이 새로운 취미나 즐거움을 발견할 수 있는 계기가 되기도 한다.

② '이게 또래 압력이구나'를 아이가 인식하도록 돕는다

의식적으로 경험해야 나중에 거리를 두거나 이를 자신에게 유리한 방향으로 활용할 수 있다.

③ 또래 압력을 무조건 피하는 대신, 그 안에서 자기만의 영역을 조금씩 넓혀 가도록 안내한다

그룹 안에 다양성을 불러들이는 경험은 사회성 발달과도 이어진다.

④ 아이가 또래 그룹의 의견에 동조하기 어려워하고, 이를 시간 낭비처럼 느낀다면, 거부할 준비를 돕는다

단, 집단 내 다른 아이들의 의견이나 취향을 부정하거나 깎아내리지 않고 "나는 이런 걸 좋아해" 식으로 표현하도록 지도한다.

⑤ 자존감은 자기애와 다르다
자기애는 집단을 부정적인 방향으로 이끌지만, 자존감은 집단이 다양성을 포용하게 만든다.

⑥ 사회성 발달 전, 자존감 형성에 집중한다
초등 고학년이 되면 또래 압력은 피할 수 없으므로 사전 준비가 필요하다.

⑦ 아이가 속한 그룹에 자존감이 높은 사람이 없다면, 우선 우리 아이의 자존감부터 점검한다
부모의 태도와 심리적 안정감이 아이에게 그대로 전해진다는 점을 명심한다.

거짓말을
아주 능숙하게 하는
아이

거짓말을 하는 아이가 있습니다. 마치 자신은 진실을 말하고 있다는 듯한 태도로 거짓말을 하는데, 담임인 저도 속아 넘어갑니다. 진짜 같은 거짓말을 믿어 주었다가 회의감도 들고 화도 나고 그렇습니다. 한번은 반에서 '은따'를 당하는 아이가 있었습니다. 한 아이가 나서서 그 친구를 옆에서 잘 챙겨 주기로 했고요. 그래서 모둠활동 할 때 부러 같은 그룹을 만들어 주기도 했습니다. 그러고는 한 달쯤 지나서 알게 되었죠. 잘 챙겨 주겠다고 했던 아이가 실은 다른 아이들처럼 은따를 하고 있었다는 것을요. 그것도 주도적으로 말이지요. 정말 기가 막혔습니다. 은따 때문에 힘들었을 피해 아이에게 미안했고, 동시에 순진무구한 얼굴로 "잘 챙겨 주겠다"라고 거짓말을 했던 아이에게 화도 났던 기억이 있습니다. 거짓말에 속지 않을 수 있다면 좋겠지만, 위 사례처럼 그게 생각만큼 쉽지가 않습니다.

무엇보다 중요한 건 아이의 거짓말이 들통났을 때 어른들이 어떤 반응을 보이느냐입니다. 거짓말이 드러났을 때, 이게 습관이 되면 안 된다는 생각에 혼부터 내는 경우가 있는데요. 그보다는 나이에 따라 다르게 접근할 필요가 있습니다. 이를테면 미취학아동 및 초등 1~2학년 아이들의 경우, 정상 범주 안에서 거짓말을 하는 경우가 많습니다. 예를 들면 이런 겁니다. "엄마! 올라프가 그러는데 내일 눈이 온대." 자신의 바람을 현실처럼 말하는 거죠. 이런 건 비교적 정상적인 범주 안에 들어가는 거짓말입니다. 그리고 보통 이럴 때 보호자는 두 가지 반응을 보입니다.

"만화 속 올라프가 어떻게 너한테 말을 하니? 올라프는 만화 속에만 사는 거야."
"우리 지우 상상력이 정말 뛰어나네. 그래, 올라프랑 재밌게 놀아."

위 두 가지 모두 바람직한 반응이라고 보긴 어렵습니다. 우선 첫 번째 유형의 대답은 우리 아이의 정서에 전혀 공감을 못 해 주고 있고요. 두 번째 반응은 아이의 인지부조화를 강화시킬 수 있습니다. 이 시기에 아이에게 상상과 현실을 적절히 조화시키는 법을 알려 주지 않는다면 나중에 초등학교에 올라가서 거짓말하는 친구로 오해받기 쉬워요. 그럼 도대체 어떤 식으로 대답해 주면 좋을까요?

"우리 지우가 올라프 눈사람 같은 친구를 좋아하는구나. 나중에 학교 가면 그런 친구를 사귈 수 있으면 좋겠네."

아이의 바람을 인정해 주면서, 현실에서 그 바람이 이뤄지길 바라는 마음을 같이 표현하는 거예요. 사실이 아닌 상상 속 인물이지만, 그런 비슷한 인물을 현실에서 만나기를 바란다는 공감의 마음을 담아서 말이죠. 이것 역시 거짓말을 하는 게 아닌지 걱정이 된다고요? 그 마음은 충분히 이해하지만, 이 시기만큼은 위와 같은 대답을 거짓말이라기보다 '비유적 표현'이라고 여기고 대응하는 편이 바람직합니다.

그럼 이제 초등 3~4학년 아이의 경우를 살펴보겠습니다. TV나 유튜브를 보고 있거나, 특히 친구들과 온라임게임을 하고 있을 때 엄마가 물어봅니다. 숙제는 다 하고 게임을 하는 거냐고요. 아이는 그냥 성의 없이 대답합니다.

"응, 엄마."

나중에 확인해 보면 숙제는 하나도 안 한 상태입니다. 그럼 엄마 입장에선 황당하지요. 어떻게 뻔히 들킬 거짓말을 그렇게 아무렇지도 않게 하는가 하고요. 왜 그런 거짓말을 했냐고 물어보면 능청스럽게 대답합니다.

"아, 맞다. 아직 안 했지? 다 한 줄 알았어."

이쯤 되면 거짓말 하는 걸 넘어 엄마를 놀리는 것 같기도 합니다. 이 시기의 아이들은 작정하고 거짓말을 한다기보다 그저 습관적인 대답을 하는 경우가 많습니다. 특히 아이들이 게임이나 놀이에 몰입하고 있을 때는 부모가 말을 걸어도 사실 잘 기억하지 못해요. 마찬가지로 상황 예측 능력도 현저히 떨어지고요. 그러니 이때만큼은 아이의 주의를 환기시켜 주어야 합니다. 아무리 봐도 숙제를 안 했을 것 같은데 아이가 했다고 대답하면서 놀고 있을 때는 다시 한번 또박또박 강조하는 어투로 천천히 물어봅니다.

"지우야, 잘 생각하고 대답해. 잠깐 엄마 보고 말하렴. 숙제 했니? 저녁 먹고 엄마가 검사할 건데."

이런 식으로 아이 입장에서도 다음 상황이 어떻게 진행될지 예측 가능한 표현을 해 주면서 주의를 환기시키는 겁니다. 엄마가 곧 검사한다는 상황을 알려 주면, 본의 아니게 거짓말을 하는 상황을 막을 수 있습니다.

마지막으로 5~6학년 아이들의 경우를 살펴볼까요? 담임을 맡다 보면, 1년에 두세 건 정도는 누군가 학급에서 거짓 소문을 퍼뜨리는 일이 생깁니다. 지수가 학원 남자 친구한테 차였다든지, 지우가 전에 다니던 학교에서 왕따였다든지, 민지가 유치원 시절부터 다른 사람 물건을 훔치는 걸로 유명했다는 식의 사실과는 전혀 다른, 거짓 소문이 퍼지는 경우가 있어요. 심지어 이를 SNS에 올리는 일도 생기고요. 어떤 경우든 그 사실을 알게 되는 순간, 바로 제지에 들어가야 합니다. 단호하게 주의도 주고, 피해를 입은 아이에게 사과도 하게 하고요. 문제는 그냥 말로 소문을 내는 경우입니다. 소문을 내는 당사자를 찾기가 쉽지 않거든요.

이 시기 우리 아이가 거짓말을 해서 타인에게 피해를 준 사실을 알게 되면 부모는 충격을 받는 경우가 많습니다. 하지만 이때 부모가 어떻게 반응하느냐에 따라 아이의 앞으로가 달라집니다.

"그렇게 거짓말을 해서 나중에 뭐가 되겠니?"
"넌 어떻게 입만 열면 거짓말이냐?"

"너 같은 아이가 커서 사기꾼이 되는 거야."

이런 말들은 아이들이 거짓말을 하는 습관을 고치는 데 별 도움이 되지 않습니다. 오히려 아이의 자존감을 갉아먹거나 거짓말을 하지 않기 위한 의지력을 상실시킵니다. 이럴 땐 핀잔을 주기보다 상황을 직시하게 만드는 것이 중요합니다. 나로 인해 누군가가 피해를 입었고, 그렇기 때문에 사과해야 한다고 말이죠. 그리고 반드시 자신의 행동에 책임을 지고 실제로 사과하는 단계로까지 나아가야 합니다. 그래야 아이가 거짓말을 멈출 수 있어요. 고학년 아이의 거짓말이 드러나지 않고 지속될 경우, 타인의 고통을 자신의 쾌락으로 치환하는 경험을 하게 되고, 이 같은 상황이 반복되면 아이의 윤리관은 완전히 왜곡돼 버립니다. 학년이 올라갈수록 점점 더 고도로 계산된 거짓말을 하게 되지요. 고학년 아이들의 거짓말을 그냥 대충 넘어가면 진실 같은 거짓말을 아주 능숙하게 하는 아이로 성장할 수 있습니다. 이를 교정하기 위해서는 사실 확인과 피해 당사자에게 직접 사과하는 행위가 불가피합니다.

아이들은 다양한 이유로 거짓말을 합니다. 혼날까 봐, 어떤 이득을 위해서, 누군가가 마음에 안들어서… 그런데 그 어떤 이유보다 거짓말을 하게 만드는 근본적인 이유가 있습니다. 바로 '틀통나지 않을 것 같아서'입니다. 아이들의 의지력은 약합니다. 특히 초등 고학년 자녀가 누군가에게 피해를 주는 거짓말을 했을 때, '애들은 이러면서 크는 거지' '시간이 지나면 나아지겠지'라고 생각하지 말고, 그때그때 반드시 교정하고 지나가길 바랍니다. '다른 사람에게 피해를 주거나 상처 입히지 않기 위해서'라는 이유만으로는, 아이 입장에서 거짓말의 유혹을 이기기 쉽지 않습니다. 거짓말은 언젠가 반드시 들통나고 피해자에게 사과까지 해야 한다는 사실을 인지하게 만드는 것이, 거짓말 하는 버릇을 교정할 수 있는 가장 효과적인 방법임을 명심하세요.

거짓말 하는 아이 대응 가이드

① 미취학아동 및 초등 저학년(1~2학년)

• 상상 속 인물을 실제처럼 말해도 무조건 부정하거나 또는 긍정하지 않는다

이 시기 거짓말은 대부분 '바람'이나 '상상'에서 나온다. 아이에게 정서적으로 공감해 주는 게 우선되어야 하고, 그다음은 "네가 좋아하는 눈사람 같은 친구를 학교에서 만나면 좋겠다"처럼 현실과의 연결 고리를 만들어 주면 좋다.

② 초등 중학년(3~4학년)

• 게임이나 영상에 몰입하고 있는 아이에게 "숙제했니?"라고 묻지 않는다

이 같은 상태에서 아이는 부모의 말을 한 귀로 듣고 한 귀로 흘리면서 습관적으로 "응"이라고 대답할 가능성이 높다. 대신 "지우야, 잘 생각하고 대답해. 저녁에 엄마가 검사할 거야"처럼 다음 상황이 어떻게 진행될지 알려 주며

주의를 환기시킨다.

③ 초등 고학년(5~6학년)

• 사과는 선택사항이 아닌, 필수사항이다

아이가 거짓으로 소문을 퍼뜨리거나 타인에게 피해를 끼치는 거짓말을 했을 경우, 즉시 사실을 확인한 후 피해자에게 사과하게끔 한다. 페널티가 있음을 인지해야 거짓말하는 습관을 교정할 수 있다.

• "넌 왜 거짓말만 하니?" 같은 인신공격은 피한다

이 같은 인신공격은 외려 아이의 자존감만 떨어뜨린다.

• '거짓말은 언젠가 반드시 들통난다'라는 인식을 심어 준다

아이가 거짓말을 하는 가장 근본적인 이유는 '들통나지 않을 것 같아서'이다. 그러니 들통나지 않는 거짓말 같은 건 없음을 주지시키고, 거짓말이 들통나면 당연한 수순으로 피해 당사자에게 사과해야 함을 강조한다.

초등학생이 싫어하는 초등학생

초등학생의 시선에서 '저 아이는 별로야'라는 인식을 갖게 하는 요인들이 있습니다. 우리 아이가 이런 모습을 보이지 않는 것만으로도 학교에서 친구들과 어울리는 데 큰 어려움은 없을 거예요. 그럼 지금부터 함께 '초등학생이 싫어하는 친구 스타일 TOP 3'를 살펴볼까요?

가장 먼저 3위, '고자질하는 아이'입니다. 이런 유형의 아이들은 초등 저학년부터 고학년할 것 없이 모두가 싫어합니다. 분명 자기가 뭔가 잘못한 건 맞지만, 그걸 선생님께 이르면 기분 좋을 아이는 없어요. 하지만 엄밀히 따지자면 친구가 잘못한 걸 이르는 행위는 잘못이 아니지요. 잘못을 했으면 그에 상응하는 꾸중을 듣거나 벌을 받는 게 이치에 맞는 일이니까요. 다른 친구가 잘못한 걸 봐도, 그냥 이르지 않고 모르는 척 지나가야 한다고 가르칠 순 없잖아요? 그렇다면 제가 상황 질문을 하나 드리겠습니다. 지금 누군가 무단횡단을 하고 있어요. 여러분이라면 그 현장을 보고 경찰에 전화해서 "여기 누가 무단횡단하고 있으니 범칙금을 부과해 주세요"라고 신고하시겠습니까?

무단횡단이 교통법을 위반한 건 맞지만, 그렇다고 신고할 정도는 아니지요. 아이들의 경우도 마찬가지입니다. 아이들에게도 이를 만한 상황과 그렇지 않은 상황을 어느 정도 스스로 유연하게 구분하도록 알려 줄 필요가 있습니다. 학교폭력과 같은 상황이라면 이유를 불문하고 선생님께 알려야 합니다. 그렇게 가르쳐야 하고요. 다른 아이 물건에 몰래 손대는 친구가 있을 때도 마찬가지로 선생님께 알려야 합니다. 훔친 물건이 내 것이 아니더라도 분명 누군가 피해자가 발생하는 일이니까요.

그렇다면 이 기준은 '피해자가 생기느냐 아니냐'로 구분하면 좋습니다. 이런 경우라면 선생님께 좀 이른다고 해서 다른 아이들이 싫어할 일도 없어요. 왜냐하면 아이들도 다 알거든요. 누군가 피해를 본 이상, 선생님이 가진 권위로 시비를 가리고 상벌을 받아야 한다고 말이지요. 다만 문제는 피해자(혹은 피해 사실)가 애매한 상황에서 고자질을 하는 경우입니다. 이를테면 다음과 같은 이유로 친구를 고자질하는 경우라면 어떨까요?

학교 건물 안에 들어올 때는 신발을 실내화로 갈아 신어야 합니다. 그런데 간혹 고학년 아이들이 귀찮아서 그냥 신발을 신고 교실에 들어오는 경우가 있어요. 이를 본 한 아이가 선생님께 이르는 겁니다. 선생님도 그 사실을 알게 된 이상, 교칙을 지키라고 말할 수밖에 없죠. 그래서 지우에게 신발장에 가서 실내화로 갈아 신고 오라고 말합니다. 그럼 지우는 3층 교실에서 1층 신발장까지 내려가 실내화로 갈아 신고 다시 교실로 올라오면서 생각합니다. 자기를 이른 현서는 정말 재수 없는 아이라고 말이죠. 게다가 이런 종류의 고자질은 다른 아이들에게도 비호감을 사게 됩니다. 특히 마음에 들지 않는 학생을 혼내 주고 싶어 이렇듯 선생님을 이용해서 친구의 사소한 잘못을 반복해서 고자질하는 아이가 있는데, 이런 아이들은 다른 아이들의 미움의 대상이 됩니다. '쟤 때문에 언젠가 나도 저런 일로 혼나겠구나' 싶어서요.

'초등학생이 싫어하는 친구 스타일 TOP 3' 2위는 바로 '놀이하면서 반칙을 자주 하는 아이'입니다. 아무리 가르쳐도 반칙하는 버릇이 고쳐지지 않는다면, 조금 거칠기는 해도 '수치심'을 이용할 수밖에 없습니다. 부모 입장에선 수치심을 이용하는 것이 좋지 않은 교육법이라는 생각이 들지도 모르겠습니다. 실제로 아이에게 수치심을 느끼게 하는 게 분명 좋지 않은 건 맞습니다. 하지만 아이가 '수치심도 모르면' 그건 더더욱 안 좋은 겁니다.

아이들은 자기중심성이 강해요. 반칙을 해서라도 이기려고 합니다. 이겨야 자신에게 좋다고 생각해서 반칙하는 행위 자체에 부끄러운 감정을 느끼지 못해요. 하지만 부모는 바로 이때 '그러한 행위가 부끄러운 일'이라는 사실을 아이에게 인지시켜야 합니다. 도덕교육은 감성에 호소하는 것이 아닙니다. 명확한 윤리의식을 심어 주는 겁니다. 이 같은 윤리의식이 형성되게 하는 방법 중 하나가 바로 비윤리적인 행동을 할 때 수치심을 느끼게 히는 거고요. 반칙하는 건 부끄러운 일이라는 사실을 경험적 인지를 통해 아이의 머릿속에 새겨 넣는 것이지요.

"지우야! 축구부 주장인 네가 앞장서서 반칙을 해 버리다니, 그건 부끄러운 일이야."

마지막으로 '초등학생이 싫어하는 친구 스타일 TOP 3' 대망의 1위는 바로 '같이 놀기로 해 놓고 약속을 지키지 않는 아이'입니다.

같이 놀기로 했다가 일이 생겼다면서 약속을 취소해 놓고, 나중에 보니 다른 친구랑 편의점에서 컵라면을 사 먹고 있는 아이랄까요. 초등 시기 아이들에게 노는 시간만큼 중요한 건 없습니다. 그리고 그 시간에 누구와 함께 놀 것인지는 매우 중요한 문제입니다. 자신과의 약속을 대수롭지 않게 여기고, 제대로 지키지 않는다면 당연히 그 친구가 미워질 수밖에 없겠죠.

한번은 학부모 강연 중 이런 질문을 받은 적이 있습니다. "아이가 원래는 지우랑 점심시간에 놀기로 했는데, 막상 점심시간이 되니까 현서랑 놀고 싶어졌대요. 이럴 때는 아이에게 어떻게 하라고 가르쳐야 할까요? 약속을 했으니 지키라고 해야 하나요? 아니면 네가 놀고 싶은 친구와 놀라고 해야 할까요?"

아주 좋은 고민입니다. 이런 고민들을 통해 초등학생들의 관계성, 사회성이 자리를 잡아 가는 거예요. 약속을 했다면 가능한 한 지키는 게 맞지요. 하지만 아이에게 즐거운 놀이 시간도 포기하면서 약속을 지키라는 말은 현실성이 없습니다. 불가능한 것을 하라고 가르치는 것과 다를 바 없죠. 그런 상황에서는 먼저 놀기로 약속한 친구에게 미안하다고 솔직하게 얘기하고, 놀고 싶은 친구와 놀라고 하면 됩니다. 보통 관계가 안 좋아지는 이유는 사과도, 상황 설명도 없이 그냥 다른 친구와 운동장으로 뛰어나가 놀기 때문입니다. 그렇게 되면 먼저 같이 놀기로 약속한 친구는 자신이 무시당했다는 생각에 상당한 분노를 느끼게 되지요.

위에 언급한 세 가지 사례 이외에 초등 고학년 여학생들이 아주 싫어하는 스타일을 하나 추가로 말씀드립니다. 바로 뒤에서 남의 이야기를 함부로 말하고 다니는 아이입니다. 초등 고학년 여학생들의 경우, 이 문제 때문에 고민하거나 예민해지는 상황이 자주 발생합니다. 심지어는 아예 그룹을 지어서 서로 상대 그룹 아이들에 대한 근거 없는 비방을 퍼뜨리고 다니는 경우로까지 발전하기도 합니다. 이런 경우, 부모로서는 어떤 이야기를 해 줄 수 있을까요?

가장 먼저 "세상 모든 사람들이 너를 안 좋게 이야기하고, 비방하고, 욕하고, 손가락질해도 엄마 아빠는 무조건 네 편이야"라고 이야기해 주는 게 첫 번째입니다. 그런 다음 "네가 그런 말도 안 되는 소문 때문에 힘들어하는 상황이 엄마 아빠도 힘들고 속상해"라고 말해 줍니다. 그 뒤부터가 문제인데요, 이 상황을 담임교사에게 알려야 하나 말아야 하나 고민이 되실 겁니다. 뭔가 확실한 증거도 없고, 있다 해도 심하게 욕한 것도 아니고 살짝 비꼬거나 약 올리는 듯한 표현을 한 것뿐이라면, 이런 걸로 선생님께 연락을 해도 되나 싶을 테지요. 저는 학부모님들께 이렇게 권합니다. 말해야 하나 말아야 하나 고민이 든다면 일단 말하고 보는 게 낫습니다. 그래야 괜한 상상이나 불안 때문에 괴롭지 않을 수 있어요.

아이들은 호불호가 분명합니다. 소극적이고 내성적인 아이들도 표현만 하지 않을 뿐 타인에 대한 좋고 싫음을 분명히 느낍니다. 우리 아이가 미움의 대상이 되기를 바라는 부모는 아무도 없을 겁니다. 내 자녀가 친구들에게 지나치게 원리 원칙을 강조하지는 않는지, 친구들과의 약속을 너무 쉽게 생각하는 건 아닌지, 이기는 것에 집착한 나머지 놀이 과정에서 반칙을 거리낌없이 하지는 않는지 함께 관심을 두고 살펴보아야 합니다. 초등 교실에서 보이는 아이의 사회성, 관계성의 양상이 아이가 어른이 된 뒤에도 그대로 나타날 테니까요.

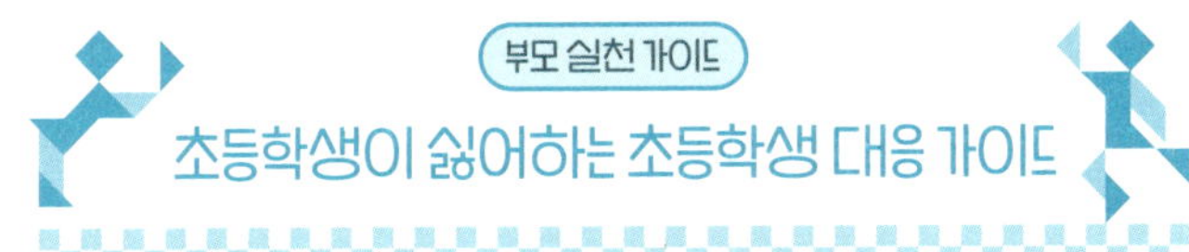

① 고자질을 남용하는 아이

• 친구의 잘못을 알게 되더라도 '피해가 발생하는 경우'
  에만 선생님께 알리게 한다

학교폭력, 절도 등 피해가 명확한 경우는 고자질이 아니
라 공익 제보이자 피해자를 보호하는 행위이다.

• 사소한 규칙 위반을 반복적으로 선생님께 일러서 친구
  를 곤란하게 만들지 않도록 한다

피해(자)가 없는 상황에서의 고자질은 다른 아이들의 마
음속에 미움과 불신의 씨앗을 심고 키울 뿐이다.

② 놀이에서 반칙을 자주 하는 아이

• 반칙은 부끄럽고 수치스러운 행동임을 명확하게 알려
  준다

윤리의식은 잘못을 '인지'하는 데서부터 시작되는 법이다.

• 역할모델을 짊어진 아이일수록 반칙 시 이를 분명히 짚어
  준다

"주장인 네가 먼저 반칙하다니, 부끄러운 일이야" 같은 구체적 피드백이 효과적이다.

③ 놀이 약속을 지키지 않는 아이

• 다른 친구와 놀고 싶어졌다면, 먼저 약속한 친구에게 사과와 설명을 하게 한다

사과 없이 약속을 어기면 일방적으로 약속을 취소당한 아이 입장에서는 '무시당했다'라는 생각에 화가 날 수밖에 없다.

• 즐거움과 관계 모두를 지킬 수 있는 선택을 알려 준다

약속은 가능한 한 지키되, 변동 시 사전에 소통이 필요하다는 것을 가르친다.

④ 뒤에서 다른 친구들에 대해 함부로 말하고 다니는 아이

• 험담 피해를 호소하면 "엄마 아빠는 네 편"이라는 확신을 먼저 준다

무엇보다 아이의 정서적 안정이 최우선임을 명심하자.

• 증거가 불분명해도 일단 교사에게 상황을 알린다

부모의 불필요한 추측과 불안을 줄이고, 교사의 조기 개입을 이끌 수 있다.

단순하지만은 않은 절친과의 관계

단짝과 절친. 비슷한 표현처럼 보이시만, 이이들은 절친이라는 단어에 더 무게를 둡니다. 누구보다도 친하고 정서적으로 서로 깊이 얽혀 있음을 인정받고 싶을 때, 절친임을 노출합니다. 학부모 면담 중에도 종종 "우리 아이가 절친이 없어서 걱정이 되는데, 이래도 괜찮은가요?"라고 물어보시는 경우도 많고요. 교육자로서도 이 '절친'과 관련된 문제들은 아직도 그리고 갈수록, 참 까다롭다는 생각을 합니다. 학교폭력이나 아이들의 심리적 불안 같은 문제들은 시간이 갈수록 어떻게 대처해야겠다는 판단이 바로바로 서는데, '절친'이라는 이름으로 얽혀 있는 아이들의 관계는 바라보면 바라볼수록 복잡하게 엉켜 있는 실타래 같다는 느낌을 받습니다.

초등생들이 이성 교제를 시작할 때는 편지를 쓰든, 선물과 함께 쪽지를 써서 고백하든 뭔가 눈에 띄는 행동이 보입니다. 하지만 절친의 경우, "우리 절친하자" 식으로 관계 선언을 하면서 시작되는 경우는 거의 없어요. 나중에 어떤 징표나 징후 같은 것들을 보고 '애들이 절친이 되겠구나' 느끼는 정도죠. 이를테면 둘이 어울려 다니는데, 어느 순간 보니 둘이서 똑같은 물건을 갖고 있다든지 하는 식으로요. 똑같은 샤프, 똑같은 캐릭터 키링, 종국에는 마치 연인인 양 똑같은 반지를 끼고 있는 걸 보게 됩니다. 당사자가 먼저 말하지는 않지만, 주변 아이들이 이들을 보고 먼저 말을 꺼냅니다.

"민지랑 수연이랑 절친이에요."

타인의 인정을 통해 서로가 절친임을 확인하는 순간입니다. 보통 절친이어도 단둘이서만 노는 게 아닙니다. 그 절친과 함께 주로 모여 노는 그룹이 있지요. 초등 시기의 절친 관계는 늘 또래집단 속의 관계 구조와 연결되어 있습니다. 즉, 단 두 사람만의 친밀감만으로는 유지되기 어렵고, 그 관계가 속한 그룹의 분위기와 관계망의 균형에 따라 영향을 받는다는 거죠. 대부분 절친은 자주 어울리는 그룹 안에서도 둘만의 애정을 과시하는데, 이때 '쟤네들은 더 친하니까' 식으로 그룹 내에서 이를 인정하는 분위기로 흘러가면 특별히 문제 될 게 없습니다. 하지만 대부분은 그렇지 않은 과정을 거칩니다. 그룹 안에서 관계의 중심이 절친인 두 사람에게 좁혀질 때, 다른 아이들이 소외감을 느끼거나 반대로 그 두 사람이 그룹에서 떨어져 나가는 현상이 일어납니다.

물론 그룹에 속하지 않고 절친하고만 노는 경우도 있어요. 다수가 섞여 있는 그룹과 두 명의 절친. 이 두 세력이 서로 신경을 쓰지 않으면 아무 문제도 일어나지 않지만, 서로 신경 쓸 일이 생기면 그때부터 상황이 슬슬 복잡해지기 시작합니다. 예를 들어 무리 지어 노는 다섯 명의 아이들이 있어요. 그리고 그 다섯 명과 별개로 민지랑 수연이가 절친이에요. 그런데 어느 날 다섯 명의 무리 중 한 명이 다가와서 민지와 수연이에게 말을 겁니다.

"너희들은 뭐가 그렇게 재밌니? 나도 같이 놀면 안 돼?"

민지랑 수연이는 이 친구를 받아들이며 같이 수다를 떨고 놀아요. 그런데 이 모습을 본 무리의 나머지 네 명이 우리 그룹 친구를 빼앗아 갔다며 기분 나빠합니다. 두 사람이 지나가면 욕을 하고 비아냥거리고 괜히 자기들끼리 귓속말을 하며 신경을 긁습니다. 그럴수록 절친인 민지랑 수연이는 더 똘똘 뭉쳐서 서로를 보호하는 모습을 보이고요. 그러고는 처음 별생각 없이 받아들인 그 아이를 어떻게든 자기네 편으로 완전히 끌어들이려고 작업에 들어갑니다. 그때부터 전쟁의 서막이 시작되는 거죠.

이때 전쟁의 서막이란, 절친인 두 아이가 그룹 아이들과 대치하기 시작하는 걸 의미합니다. 대치하면 할수록 절친인 두 아이의 친밀감은 더 높아집니다. 왜냐면 서로가 서로를 끔찍하게 아끼면서 든든하게 보호해 주기 때문이지요. 그런데 어느 순간, 그토록 결속력이 강했던 두 사람 사이에 자그마한 균열이 생기기 시작하면서 전쟁은 다소 허무하게 끝나고 맙니다. 앞에서도 언급했듯이 서로에 대한 지나친 애착은 구속과 통제의 문제를 불러오기 때문입니다.

몇 년 전, 두 아이가 있었어요. 그중 한 아이는 얼마 전에 전학을 왔고요. 두 아이는 급속도로 친해졌습니다. 너무 빨리 친해져서 좀 불안할 정도였죠. 아니나 다를까 두 달쯤 지나자 둘 사이가 좀 이상해 보였습니다. 뭔가 일이 생긴 게 분명했죠. 서로 말도 안 하는 건 물론, 한 아이는 그전까지 서로 대립했던 그룹에 가서 그토록 친하게 지내던 친구에 대해 안 좋게 말하고 다녔고, 어떻게 해서든 상대 아이를 곤란하게 만들기 위해 열심이었습니다. 두 사람을 각각 불러서 무슨 일이 있었는지 물어봤지만, 뭔가 서로 잘못한 것들이 있는지 솔직하게 어떤 일이 있었고, 무엇 때문에 싸웠는지 말해 주지 않았습니다. 그때 한 아이가 이렇게 말했어요. "기회만 되면 재를 죽여 버리고 싶어요"라고.

물론 아이들이 학교에서 서로 싸우다 보면 욱해서 언성을 높이기도 하고 죽여 버리겠다는 말을 하기도 하지만, 그때 그 아이의 말에서는 정말 진심이 느껴졌습니다. 이는 다르게 말하자면, 절친이었을 때는 정말 죽을 만큼 서로 좋아했다는 뜻도 됩니다. 아이들이 놀다 보면, 의견이 다를 수도 있고, 놀이 규칙을 어길 때도 있고, 자기가 이로운 쪽으로 분위기를 몰고 가는 경우도 생깁니다. 그러면 자연스럽게 다툼이 일어나고, 선생님한테 달려와 이르기도 합니다. 이때 아이들은 대부분 다음과 같이 말해요.

"선생님, 재가 저한테 이렇게 저렇게… 나쁘게 했어요."

그렇게 아이들의 이야기를 들어 주고 서로 사과하도록 중재해 주고 한두 시간 정도 씩씩거리게 놔두면 또 언제 그랬냐는 듯 신나게 다시 놉니다. 그런데 절친은 이렇게 가볍게 끝나지 않아요. 절친이었던 친구가 나의 취향, 의견, 존재 등을 반대하는 식으로 뭔가 나를 '거스르는' 행동을 할 경우 대부분은 이렇게 이야기합니다.

"쌤, 민지가 절 배신했어요."

앞선 경우와는 달리 '배신'이라는 표현을 사용하지요. 게다가 선생님이 중재를 해 줘도 감정의 응어리는 그리 간단하게 풀어지거나 하지 않습니다. 자신이 '배신'당했다고 생각하며 며칠, 몇 주, 몇 달을 (절교를 선언한 이후에도 계속) 부정적인 감정에 사로잡혀 있죠. 단순히 뭔가를 잘못한 게 아니라 그 아이가 나를 배신했기 때문에 죽이고 싶을 만큼 미운 거예요.

이 때문에 절친은 '관계'가 아니라 '애착'이라는 관점으로 보는 게 좋습니다. 또한 절친의 존재는 아이의 사회성 발달에 외려 방해 요소로 작용하는 경우도 있습니다. 요즘 초등학교에서는 그룹 작업을 많이 합니다. 개인 과제나 개인 수행 과정도 있지만, 비율로 보면 절반은 모둠을 구성해서 함께 과제를 수행합니다.

한번은 국어 시간에 9시 뉴스를 진행하듯이 아이들이 촬영, 기사 작성, 아나운서, 기자 역할을 맡아서 3~5분 정도의 뉴스 동영상을 만들고 발표하는 시간을 가진 적이 있습니다. 이를 위해서는 모둠 회의를 하면서 주제를 뭘로 정할지, 촬영은 누가 할지, 편집은 어떻게 할지, 아나운서, 기자 역할은 누가 할지를 정하고, 인터뷰나 자료조사 일정 등을 같이 의논합니다. 이런 모둠 작업을 할 때, 절친인 아이들은 서로 같은 모둠이 되기를 간절히 바라지요. 하지만 이들이 같은 모둠이 될 확률은 무척 낮습니다. 절친과 모둠이 갈리면, 같이 할 수 없다는 생각에 모둠활동에 대한 몰입도와 헌신도가 낮아집니다. 반대로 운이 좋게 절친과 같은 모둠이 되었다고 해서 모둠 전체에 도움이 되는 것도 아닙니다. 다른 아이들이 아무리 좋은 의견을 말해도 절친의 의견만 최우선으로 수용하고, 이를 모둠 전체에 강요하기 때문입니다. 이런 분위기 속에서는 당연히 모둠원들 간 화합은 어려워지겠죠. 보통은 그룹 작업을 하면서 아이들의 '대인 관계력'이 발달하는 법인데, 절친인 아이들은 누구와 작업을 하든 나의 절친을 방어하는 것 외에는 관심이 없기 때문에 대인 관계력을 높일 수 있는 기회를 놓치고 맙니다.

그러니 가급적 자녀에게 '절친'이라는 표현은 사용하지 않았으면 좋겠습니다. 특히 아이에게 학교에 절친이 있는지 묻지 마세요. 절친 있냐고 묻는 건, '왜 넌 절친도 없냐'라고 묻는 것과 다르지 않습니다. 사실 절친인 아이들이 유독 눈에 띌 뿐, 대부분의 아이들은 절친이라고 할 만큼 강한 애착으로 묶여 있는 친구가 없습니다. 그냥 오늘 하루 학교에서 쉬는 시간, 점심시간에 친구들 몇 명과 어울려 놀고, 얘기하고 오면 그것만으로도 충분하니까요. 괜히 부모가 나서서 절친을 좀 만들어 보라거나, 절친이 없어서 걱정이라는 듯한 뉘앙스를 풍기면 자녀에게 쓸데없는 불안감만 줄 뿐입니다. 아이가 스스로를 '절친도 없는, 외로운 아이'라고 생각하게 만들지 마세요. 초등 시기 우리 아이 사회성에 도움이 되는 것은 절친보다 그냥 친구면 충분합니다.

절친과의 관계 대응 가이드

① '절친은 있니?'라는 질문은 하지 않는다

이런 질문은 아이에게는 '왜 넌 절친도 없니?'라는 압박으로 느껴져 불필요한 불안감만 야기한다.

② 절친이 전부가 아니라는 메시지를 자주 전달한다

대부분의 아이는 강한 애착 관계보다, 다양한 친구와 어울리며 노는 것만으로도 충분히 사회성을 발달시킬 수 있다.

③ 아이가 절친과 갈등이 생겼을 때, 이를 '배신'이 아닌 '다툼'으로 바라보게 돕는다

절친과도 얼마든지 의견이 다를 수 있고, 갈등을 빚을 수 있으며, 이는 얼마든지 대화를 통해 서로 풀 수 있는 문제라고 인식시키는 것이 중요하다.

④ 모둠활동에서는 절친과 떨어져도 괜찮다는 경험을

쌓게 한다

절친이 같은 모둠이면 의견 수용이 제한되고, 떨어져 있
으면 몰입도가 낮아질 수 있어 다양한 친구와 협력하는
경험이 필요하다.

쌓게 한다

절친이 같은 모둠이면 의견 수용이 제한되고, 떨어져 있
으면 몰입도가 낮아질 수 있어 다양한 친구와 협력하는

Class
Room

Chapter 3

우리 아이의 사회성을 높이고 싶다면

부모의 불안이 자녀의 사회성을 약화시킨다

아이들이 사회성을 발달시켜 가는 과정에서 부모의 불안 때문에 문제가 발생하는 경우도 많습니다. 부모가 불안하면 자녀는 더 불안해집니다. 단순히 불안이 전이되는 것을 넘어, 비합리적 신념이 자리하게 되기 때문인데요. 전혀 불안해할 필요가 없는 사안임에도 SNS상으로 불안을 가중시킨 두 가지 사례를 소개해 보려 합니다.

'개근 거지'라는 말을 들어 보셨나요? 가정 체험학습을 가지 않고 매일 학교에 나오는 아이를 지칭하는 표현이라고 합니다. 그 덕에 우리 아이가 매일 학교에 나간다는 이유로 놀림을 받을까 봐 제주도나 가까운 동남아시아라도 급하게 여행을 다녀와야 하나, 고민하는 부모들이 늘고 있다고 해요. 하지만 학교에서 저는 아이들이 그런 혐오 표현을 쓰는 모습을 한 번도 본 적이 없습니다. 혹시 나만 모르고, 다른 학급, 다른 학교에서는 빈번하게 일어나는 일인가 싶어 다른 지역 교사들에게도 물어보았습니다. 다들 자기 학급에서 그런 일로 놀림받는 경우는 없다고 했습니다. 가정 체험을 다녀오는 아이를 보고 부러워한다는 정도가 다였죠.

많은 불안이 인터넷 매체를 통해 퍼져 나갑니다. 극히 일부의 사례를 일반적인 것처럼 호도하지요. 분명 어디서 누군가가 '개근 거지'라는 말을 하기는 했을 겁니다. 하지만 이는 아이들 사이에 자연적으로 퍼진 게 아니라, 인터넷 맘카페 같은 곳에서 먼저 퍼져 나가며 부모들의 불안감을 자극했다고 보는 게 맞아요. 아이늘은 별생삭이 없는데, 외려 학부모를 통해서 그런 용어를 알게 되는 것이지요.

생각보다 아이들은 타인에게 관심이 없습니다. 누군가 수업을 하루 빠져도 왔는지 안 왔는지도 모른 채 지나가는 아이들이 대부분이고요. 그나마 친한 친구나 돼야 "선생님 오늘 지우 안 와요?"라고 묻는 정도입니다. 그럼 "응, 가정 체험학습 갔어"라고 말해 주면 그걸로 상황은 끝입니다. 사실 가정 체험학습으로 '어딜 갔느냐'는 아이들에게 중요하지 않습니다. 그보다는 학교를 빠지고 놀러 갔다는 것에 부러움을 사는 정도랄까요. 그마저도 순간일 뿐, 금세 잊고 아이는 자기 할 일을 합니다.

심지어 몇 년 전에는 가정 체험학습을 하고 돌아오면, 우리 아이가 친구들과 서먹해지고 왕따를 당할지도 모른다는 걱정에 학부모들이 가정 체험을 꺼린다는 뉴스가 나오기도 했습니다. 가정 체험 신청을 해도 걱정, 안 해도 걱정… 모두 실제 교실 상황을 잘 모르는 부모들의 불안감 때문에 벌어지는 해프닝이랄까요.

본래 가정 체험학습의 목적은 학생들이 학교를 벗어나 교외 체험 활동을 통해 역사, 문화공간을 직접 체험하게 만드는 것입니다. 다시 말해 가정 체험학습의 기준은 '학교에서는 경험할 수 없는 체험인지 아닌지'가 돼야 합니다. '최소한 제주도는 다녀와야 한다, 베트남은 다녀와야 한다' 같은 기준으로 부랴부랴 예약해서 다녀오는 해외여행은 아이에게 전혀 도움이 되지 않습니다. 오히려 아이들 마음만 더 복잡해질 뿐이죠. 마음이 복잡해진다는 건, 그런 과정을 지켜보는 아이의 마음속에 콤플렉스가 생긴다는 뜻입니다. 아이에게도 '다른 누군가에게 기죽지 않으려면 보여 주기 식으로라도 무리해서 뭔가를 해야 한다'라는 잘못된 가치 기준을 심어 줄 수 있다는 말입니다. 이는 당연히 아이의 사회성 발달에 좋지 않은 영향을 줄 수밖에 없고요.

가정 체험학습 자체는 권장합니다. 다만 농촌 체험, 과학 체험, 전시관 관람, 메이커 교육, 역사 탐방처럼 목적성 있는 가정 체험이 되어야겠죠. 다양한 경험은 다양한 사람들의 삶의 모습을 보게 합니다. 이는 진로 교육뿐 아니라, 아이가 사회 구성원으로서의 모습을 그려 보게 하는 데 도움이 됩니다.

부모로부터 비롯된 불안 사례를 한 가지 더 말씀드리겠습니다. 우리 아이가 유명 브랜드의 가방, 옷, 신발 중 적어도 하나 정도는 들고 다니게 해야 다른 아이들에게 무시당하지 않을 거라고 생각하는 분들이 있어요. 특히 인스타그램에 올라온 모델 같은 아이들이 입고 있는 옷, 신발을 보면 자책감을 느끼기까지 한다고 합니다. "우리 애한테도 저런 걸 해 줘야 하는데"라고요.

이에 대해서만큼은 정말 그럴 필요가 없다고 말씀드리고 싶습니다. 생각보다 초등 시기의 아이들은 브랜드를 따지지 않습니다. 애초에 잘 모르기도 하고요. 사춘기가 되면서 외모에 신경 쓰고, 좋아하는 연예인 관련 굿즈를 모으는 경우는 있지만, 이마저도 관심이 없는 아이들은 굿즈가 없다고 해서 기가 죽거나 하지 않습니다. 옷이나 신발, 가방에 신경을 쓸 거라면 유명 브랜드보다도 '이 두 가지'에 신경을 써야 합니다. 이것들은 친구 관계에 영향을 줄 수 있거든요.

먼저 첫 번째로 아이의 옷, 신발 등을 자주 세탁해 주세요. 특히 날이 조금만 더워지고 습해도 활동성이 많은 아이들의 특성상 땀 냄새가 많이 나게 됩니다. 아이들의 경우, 실내화나 신발도 금방 더

러워지기 때문에 일주일에 한 번씩은 세탁해 주는 게 좋습니다. 실제로 학교에서 친구들에게 놀림을 받는 경우는 유명 브랜드 제품을 입지 않아서가 아니라 옷이나 신발, 가방 등이 지저분하고 냄새가 나서인 경우가 압도적으로 많습니다. "선생님… 현서한테서 냄새나요. 짝하기 싫어요." 이런 말은 아이에게 평생에 남을 상처가 될 수도 있습니다. 이 한마디가 트라우마가 되어 좀처럼 타인에게 다가가지 못하는 어른으로 성장할 수 있으니, 부디 옷의 브랜드보다도 세탁에 신경 써 주시길 바랍니다.

아이의 성장을 고려해 옷이나 신발의 사이즈가 작아진다 싶으면 그때그때 새로운 것으로 교체해 주는 것도 중요합니다. 신발이나 실내화의 경우, 사이즈가 맞지 않으면 활동에 안 좋은 영향을 주는 것은 물론, 부상의 위험도 높아집니다. 그리고 옷이 잘록하거나 짧아지면 괜히 다른 아이들의 놀림거리가 될 수 있고요. 또 옷이 작다 보면 활동 중에 쉽게 찢어지거나 해지기도 합니다. 그 순간을 다른 아이가 보기라도 한다면, 수치심과 부끄러움을 느낄 수밖에 없겠죠.

정리하자면 아이들은 유명 브랜드 여부보다, 땀 냄새 나고 지저분한 옷, 신체 사이즈에 맞지 않은 옷, 해진 신발을 신고 다닐 때 부끄럽다고 느끼는 경우가 더 많습니다. 몇 년 전, 한 아이가 브랜드 가방을 메고 등교하는데, 정작 실내화는 빨지 않아 지저분해지고 심지어 밑창이 덜렁거리기까지 했습니다. 아이들의 시선은 브랜드 가방이 아닌 해진 실내화에 쏠렸고, 그 아이를 보고는 "거지 같다"라며 놀렸지요. 다시 한번 말씀드리지만 진짜 신경 써 줘야 하는 건, 사소한 데 있습니다. 우리 아이의 옷과 신발, 가방은 잘 세탁되고 신체에 맞는 사이즈면 충분합니다. 그 정도면 다른 친구와 어울려 노는 데 아무 문제 없습니다. 괜히 부모가 나서서 아이에게 쓸데없는 불안을 불어넣지 않기를 바랍니다.

SNS에서 아이들이 주고받는 말을 보면 도통 무슨 의미인지 알 수 없는 경우가 종종 생깁니다. 욕하는 것 같기도 하고, 욕까진 아니어도 뭔가 부정적인 뉘앙스가 느껴지는 것 같기도 하고요. 심지어 친근한 말인 것 같은데 무슨 뜻인지는 정확히 모르겠는 경우도 있습니다. 요즘 초등 아이들, 특히 고학년이 될수록 사용 빈도가 높아지는 아이들의 일상 속 비속어는 그들만의 친근함과 밀착감을 드러내는 요소로 작용하고 있습니다. 하지만 장기적인 관점에서 비속어를 사용하는 언어습관은 사회성 발달에 좋지 않은 영향을 줍니다.

비속어는 불명확성을 내포하고 있습니다. 상황에 따라 그 의미가 달라질 수 있기 때문에 필연적으로 의사소통 과정에서 오해를 불러올 수 있어요. 특히 아이들이 자신의 감정을 정확하게 전달하는 데 어려움을 겪게 만들죠. 칭찬이나 부러움의 의미를 담아 표현했음에도 상대방은 자기를 놀린 것이라 판단해 뜻하지 않게 갈등이 일어나기도 합니다.

또한 비속어를 습관처럼 입에 달고 있는 경우, 친구들에게 신뢰를 얻기 어렵습니다. 아무리 인기가 많고 여러 친구들과 어울리며 자기가 속한 그룹을 이끌어 가는 듯 보여도, 비속어를 자주 사용하는 아이가 회장 선거에 당선되는 일은 거의 드뭅니다. 아이들도 보는 눈이 있습니다. 학급을 대표하는 인물을 뽑는데 그들의 평소 언어습관을 고려하지 않을 리 없습니다.

많은 비속어가 SNS를 통해 급속도로 전파되고 있는 현실입니다. 친구들끼리 사용할 땐 아무런 문제가 없어 보입니다. 하지만 감정 표현이라는 건 습관과도 같아서 친구가 아닌 사람 앞에서도 무심코 튀어나오기 마련입니다. 아무래도 어른들 앞에서 저도 모르게 '개좋아' '개싫어' 같은 표현을 하면 욕하는 걸로 오해받기 십상이지요. 게다가 말에는 '힘'이 있습니다. 어떤 힘이냐면 말한 대로 행동하게 만드는 속성이 있습니다. 말한 대로 자신이 변해 간다는 사실을 알아야 하는데, 아이들이 이 부분에 대해서는 거의 의식을 하지 못합니다.

　가끔 보면 학부모, 심지어는 교사 중에도 아이들에게 친근하게 다가가고 싶다는 이유로, 그리고 뭔가 아이들과 비슷한 말을 하면 그들과 금방 친해지고 친구처럼 대화를 나눌 수 있을 것 같다는 생각에, 아이들이 쓰는 비속어를 사용하는 경우가 있습니다. 그래서 실제로 아이들에게 물어보았죠. 어른들이 요즘 초등생들 사이에서 유행하는 비속어를 사용하면 친구처럼 느껴지고 너희 마음을 잘 알아줄 것 같냐고 말이죠. 아이들의 대답은 예상 밖이었습니다. 가장 많이 나온 대답이 "어른 같지 않다" "애 같다"였거든요. 이 대답들의 핵심은 같습니다. 별로 신뢰가 가지 않는다는 의미죠. 자기들끼리는 키득거리면서 그런 말을 사용해도, 가까운 어른이 그런 표현을 사용하는 것에 대해서는 친근하다고 느끼지 않는 거예요. 특히 비속어를 사용하는 고학년 아이들은 친구 같은 아빠, 친구 같은 엄마를 좋아하지 않습니다. 그보다는 뭔가 근사하고 멋있는 어른을 원합니다. 언어 표현 면에서도 마찬가지고요. 좋은 관계를 형성하는 데는 언어만 한 게 없습니다. 아이들은 우리 어른들이 더 멋지고 근사한 언어로 다가와 주기 바란다는 점을 명심해 주세요.

　이쯤에서 우리는 아이들이 비속어를 사용하는 이유를 짚고 가야겠지요. 고학년 아이들이 비속어를 즐겨 사용하는 이유 중 하나가 '강한 유대감' '연대감' 같은 걸 느끼고 싶어서라고 합니다. 같은 언어를 사용함으로써 지금 친하게 지내는 친구들과 동질감을 느끼고 그들의 일원으로 받아들여졌다고 믿는 거예요. 그리고 비속어를 사용할 때 주변 친구들이 멋있다고 해 주면, 더욱 의기양양해져 비속어를 사용하는 언어습관이 고착화됩니다. 하지만 한 걸음 떨어져서 보면, 별로 가까이 하고 싶지 않은 인상을 풍기고 있을지도 몰라요. 이는 당연히 사회성을 높이거나 누군가와 관계를 맺을 때 부정적인 요소로 작용하게 됩니다.

부디 우리 아이들이 '멋있다'라는 느낌을 '거친 말들' 속에서 찾지 않기를 바랍니다. 멋있다는 감각을 품위 있는 행동과 말 속에서 느낄 수 있기를 바랍니다. 내가 쓰는 말이 내 생각과 행동을 지배하고 사회성 발달에도 영향을 준다는 사실을 우리 아이들이 기억할 수 있도록 도와주세요.

한편 비속어는 사회적 규범에 반하거나 혹은 이를 저해하는 방향으로 행동을 이끕니다. 언어가 허용되면 그 언어가 내포한 행위 또한 허용된다고 생각하기 마련이니까요. 결국 비속어 사용이 일상화되면, 아이들은 이러한 언어에서 나오는 의미, 뉘앙스를 사회적으로 허용되는 행동이라고 인식하게 됩니다. 이는 부정적인 행동을 일상 모델로 삼게 되는 결과를 가져오지요. 학교생활 규정을 어기고도 당당한, 자신이 무엇을 잘못했는지조차 의식하지 못하는 아이들의 경우, 평소 비속어를 자주 사용하는 아이일 가능성이 높습니다.

초등 사춘기 아이들은 타인이 자신을 어떻게 바라보는지에 대해 민감하게 반응합니다. 그래서 저는 아이들이 비속어를 사용하는 모습을 인지하면, "그런 표현은 나쁜 거야"라고 말하지 않습니다. 대신 이렇게 말해 줍니다. "지우야, 그런 표현을 하다니 별로 멋져 보이지 않아"라고요. 만일 그 아이가 좋아하는 연예인이 있다면 "현서야 BTS 멤버 중에 한 명이 인터뷰하면서 '개싫어'라고 말하면 어떨 거 같아? 그래도 멋져 보일 것 같아?"라고 말해 주기도 합니다. 이 정도로 얘기해 주면 대체로는 바로 알아듣습니다. 물론 저한테 화를 내거나, 우리 오빠들에 대해 함부로 얘기하지 말라거나, 그래도 좋아할 거라고 말하는 아이도 있습니다. 그럼에도 한 가지 확실한 건, 그저 비속어가 나쁘다고 말하는 것보다, 아이로 하여금 비속어를 사용하는 자기 모습이 타인의 눈에 별로 멋지지 않게 비친다는 사실을 인지시켰을 때, 좀 더 자기 언어표현에 신경을 쓴다는 점입니다.

비속어가 주는 부정적 영향 중 가장 최악인 걸 꼽자면 바로 '자아존중감의 저하'입니다. 비속어를 사용하는 아이는 빠르든 늦든 결국 자기 자신에 대해 '가치 있는 사람'이라고 여기지 못하게 됩니다. 비속어를 사용하는 그 순간은 재밌기도 하고 다른 친구들의 시선이 자신에게 쏠리는 탓에 어쩐지 어깨가 으쓱해져도, 이는 그때뿐입니다. 얼마 안 가 그런 방식이 아니고서는 타인에게 영향을 줄 수도, 타인으로부터 인정을 받을 수도 없다는 사실을 깨닫게 되거든요. 자신이 누구에게도 신뢰받지 못하고 있음을 자각하고는 덩달아 자존감도 낮아지는 거죠.

잦은 비속어 사용으로 인해 낮아진 자존감은 왜곡된 사회적 연대감으로 표출됩니다. 이게 바로 사회성 발달을 저해하는 가장 큰 요인으로 작용하기도 하고요. 낮아진 자존감을 회복하고자 더욱 자극적이고 노골적인 언행으로 사람들의 관심을 끌려는 행위. 이 같은 행위는 건강한 관계를 구축하는 데 방해가 될 뿐입니다. 이러한 대표적 사례는 자신의 잘못된 언행을 마치 자랑처럼 소문내거나 심지어 SNS에 노출시키는 경우입니다. 어른들의 시각에서는 도통 이해하기 어려울 수 있지요. '저런 걸 어떻게 노출하고 어떻게 자랑 삼아 이야기할 수 있지?' 싶을 겁니다. 하지만 주변 친구들에게 듣는 '멋있다'라는 반응에 중독돼 이미 비속어 사용이 습관화된 경우, 이러한 악순환을 끊고 빠져나오기가 정말 어렵습니다.

진심이 중요한 여자아이, 잘 노는 게 중요한 남자아이

초등 시기의 여자아이는 1학년부터 6학년까지 정말 매해 다르게 성장하는데요. 그래도 그 6년을 관통하는 공통점이 있습니다. 그리고 그 공통점으로 초등 여학생들을 한마디로 표현할 수 있죠. 바로 '진심'입니다. 칭찬을 하든, 혼을 내든, 같이 농담을 주고받든, 어떤 순간이든지 진심을 담아서 대해 주지 않으면 바로 알아차리는 존재가 바로 초등 여학생입니다. 그러다 보니 교사로서도 진심을 다하려 늘 애쓰다 보면 지치고 피곤해집니다. 한 학급의 절반은 여자아이고 그들은 언제든 상대방이 진심인지 아닌지를 한순간에 알아차리는 '진심 능력자'입니다. 그래서 부모는 딸아이를 대할 때

'논리'보다 '진심'을 우선해야 합니다. "왜 그랬어?"보다 "그랬구나, 속상했겠네"처럼 아이의 감정부터 인정해 주는 것이 핵심입니다. 이 한마디가 딸아이의 마음을 안정시키고, 부모와의 관계 안에서 사회적 감수성을 배우게 합니다.

그렇다면 남자아이에게는 진심이 필요 없을까요? 아들이라고 해서 진심인지 아닌지 잘 판단하지 못하는 것은 아닙니다. 그들도 진심인지 아닌지 정도는 직관으로 알아챌 수 있어요. 단지 남자아이들에게는 그게 별로 중요하지 않을 뿐입니다. 그들에게 중요한 건 '힘'입니다. 내가 '힘'을 지닐 수 있느냐 없느냐가 더 중요한 거예요. 이렇듯 남자아이는 여자아이와 서로 중요하다고 생각하는 포인트가 다릅니다. 그런 까닭으로 부모는 아들의 '힘'에 대한 욕구를 제지하기보다 올바르게 방향을 잡아 주는 역할을 해야 합니다. "(이겨서 좋은 게 아니라) 같이 해서 재밌었지?"처럼 협력의 경험을 강조하면, 힘을 '통제'가 아닌 '공유'의 개념으로 배웁니다. 참고로 이 시기에는 아버지나 남성 보호자와 함께하는 활동이 특히 큰 영향을 미칩니다. 몸으로 부딪치며 협동하는 경험이 곧 사회성 훈련으로 이어지기 때문입니다.

한편 딸들은 타인과의 '관계성'에서 자신의 위치를 확인합니다. 특히 상대방이 나를 소중하게 생각하느냐 아니냐에 따라 관계의 방향을 정하죠. 그렇게 위치와 방향이 정해지면, 나를 소중하게 생각하는 사람을 더 마음에 두고 따릅니다. 그런 까닭으로 부모는 딸아이에게 '너는 소중한 존재야'라는 메시지를 말이 아닌 '태도'로 보여 줘야 합니다. 아이의 말을 끊지 않고 끝까지 들어 주는 모습도 이런 태도의 일환이 될 수 있겠죠. 여학생의 심리·정서적인 측면은 대부분 대인관계에서 드러납니다. 관계성을 빼고 말하기 어려울 정도이지요. 초등 1학년 아이의 경우, 친구보다는 담임선생님에게 더 관심이 많습니다. 학교에 가면 1학년 여학생들에게 제일 인기가 많은 사람이 바로 담임교사이지요. 방학 기간이나 학교 방과후교실 수업을 듣는 학생 중 교무실로 쪼르르 달려와 담임교사의 행방을 묻는 아이들은 대부분 1학년 여학생들입니다. 2학년 때부터 이 중심이 서서히 친구들에게로 옮겨 가고요. 3~4학년부터는 조금씩 절친을 만들기 시작합니다. 5학년이 되면 무리를 형성하기도, 해체하기도 하다가 6학년 정도 되면 거의 변함없는 무리가 만들어집니다. 무리를 지을지 안 지을지의 노선도 분명해지고요.

앞에서 언급한 대로 초등 남학생들이 중요하게 여기는 건 '힘'입니다. 주로 학급에서 축구를 잘하는 아이에게 일정 부분 그 힘이 집중되지요. 그런데 그런 학생은 전체 남학생의 5퍼센트 정도밖에 되지 않습니다. 아무리 크게 잡아 봐도 10퍼센트 정도랄까요. 그 10퍼센트의 아이들이 주축이 되어서 팀을 정하거나, 공격수나 수비수, 골키퍼를 정하는 등의 결정을 하게 됩니다. 하지만 반에는 축구를 좋아하지 않는 아이들도 제법 됩니다. 그 아이들은 이들이 만들어 내는 힘에 별 영향을 안 받습니다. 사실 학급 대부분의 남학생들에게 영향력을 미치는 남자아이는 따로 있습니다. 바로 '잘 놀 줄 아는' 아이입니다.

학급에서 가장 힘 있는 위치에 서게 되는 남학생은 놀이 문화를 이끌어 가는 재능을 지닌 아이입니다. 예를 들어 지우가 팽이를 가져옵니다. 친구들이 관심을 조금 보이다 이내 자기 자리로 돌아갑니다. 다음 날 지우처럼 팽이를 가져오는 아이는 아무도 없죠. 그런데 준혁이가 팽이를 가져옵니다. 그러고 나서 다음 날 혹은 며칠 후면 같은 반 남학생 대부분이 교실에서 팽이를 가지고 놉니다. 다른 친구들도 팽이를 가져와서 놀고 싶게끔 만드는 힘, 준혁이는 바로 이 힘을 지니고 있는 겁니다. 똑같이 팽이를 가져왔는데 왜 어떤 아이는 유행을 이끌고, 어떤 아이는 관심받지 못하고 사라지는 걸까요?

똑같이 팽이를 가져왔어도 시작부터가 다르기 때문입니다. 지우는 팽이를 가져와서 자기 혼자 돌리고, 친구들은 옆에서 구경만 합니다. 어쩌다 친한 친구에게 몇 번 돌리게 해 주는 정도랄까요. 준혁이는 아예 처음부터 팽이를 몇 개 가져옵니다. 그러고는 친구들에게 팽이를 빌려주면서 같이 팽이 싸움을 합니다. 팽이 싸움을 하면서 새로운 규칙도 계속 만들고요. 어떻게 돌려야 잘 돌아가는지 설명까지 해 줍니다. 이러고 집에 돌아간 아이들이 다음 날 팽이를 안 가져올 수가 없겠죠. 어제 너무 재밌게 놀았거든요.

힘 또는 권력이 준혁이에게 몰리는 이유는, 좋은 걸 혼자만 갖고 노는 게 아니라 능력자로서 설명도 해 주고, 같이 어울려서 놀 수 있는 기회를 주는, 즉 '공유 행위'를 했기 때문입니다. 그리고 이를 더욱더 공고히 만든 실질적인 힘은 새로운 규칙을 계속 만들어 내는 아이디어에 있습니다. 똑같은 팽이 놀이를 해도 준혁이랑 하면 재밌어요. 왜냐하면 계속 규칙을 업그레이드해 가면서 새로운 변수들을 만들어 내거든요. 그럼 남학생들은 준혁이에게 모입니다. 그렇게 팽이에 한 달쯤 푹 빠져 지내다가 준혁이가 또 다른 놀거리를 가져옵니다. 보드게임을 직접 만들어서 한다든가, 운동장에서 할 수 있는 새로운 놀거리를 만들어 내죠. 아이들은 새로운 놀이에 늘 목말라합니다. 그들에게 때가 되면 새롭고 재미있는 놀거리를 알려 주는 남학생. 당연히 이 남학생을 중심으로 아이들은 모여들 수밖에 없고, 이 남학생의 말에 귀를 기울일 수밖에 없는 겁니다. 그래서 아들에게 '놀이'를 가르칠 때는 두 가지를 기억하라고 말해 줍니다. '함께 해서 즐겁고, 새롭게 해서 즐겁고'라고요.

여자아이의 경우는 좀 다릅니다. 여자아이의 세계에서는 그 친구가 어떤 새로운 놀이를 잘 만드는지 아닌지에 따라 그룹이 형성되는 게 아닙니다. 앞서 언급한 대로 내게 진심으로 다가오는지 아닌지에 따라 그 친구와 함께할지 말지를 결정하죠. 다시 말해 어떤 놀이인지는 상관이 없고, 친구가 그 놀이를 잘하는지 못하는지도 중요하지 않습니다. 친구가 잘 못하면 내가 알려 주면 그만이니까요. 하지만 남학생들은 그 놀이를 잘하면서 공유하고 이끌어 주기까지 하는 아이를 원해요. 그리고 가능하면 그런 능력자가 같은 팀이 되어 게임에서 이길 수 있기를 바랍니다. 다만 이때 유의할 점이 있습니다. 이기는 것만큼 함께 규칙을 지키는 것도 중요하다고 수시로 알려 줘야 합니다.

이렇듯 남자아이와 여자아이는 그들이 갖는 근본적인 차이 때문에 사회성에 대한 개별적인 접근이 필요합니다. 딸아이의 친구 관계를 원활하게 만들어 주고 싶다면, 공감 정서를 높여 주세요. 아들의 사회성을 높여 주고 싶다면, 다양한 놀이를 함께하고 공유하는 과정에 중점을 둡니다. 이것만 지켜도 초등 시기의 아이들은 (적어도 동성 친구들 사이에서는) 건강한 사회성을 발휘하게 됩니다.

우리 아이가
외모에 관심을 갖기
시작했다면

초등 시기의 아이들은 친구의 신체 특징이나 외모를 가지고 놀리는 경우가 종종 발생합니다. 특히 뚱뚱한 친구에게 '돼지'라고 놀리는 경우가 많지요. 저학년 아이들에게서 많이 보이는데, 고학년에 올라간다고 해서 저절로 멈춰지는 건 아닙니다. 요즘 초등학생들 사이에 워낙 심한 욕도 많이 쓰기 때문에 이 정도는 별일 아니라고 생각하는 아이들도 있는데요. 당사자의 입장에서는 상당히 수치스럽고 굴욕감을 느끼는 일이기 때문에 가볍게 봐서는 안 됩니다. 혹시라도 우리 아이가 다른 친구를 '돼지'라고 놀리거나, 친구의 어떤 신체적 특징을 놀림거리로 삼는다면, 반드시 단호하게 훈육을 해야 합니다.

만일 우리 아이가 집에 와서 "엄마 애들이 돼지라고 놀려!"라고 말한다면 어떻게 해야 할까요? "그러니까 엄마가 운동도 하고 야채도 먹으라고 했잖아!"라고 말하는 건 절대 금물입니다. 이 말은 아이 입장에서는 이렇게 들리거든요. "그래 넌 돼지가 맞아"라고 말이죠. 분명한 건 우리 아이가 뚱뚱하다고 해서 '돼지'라고 놀림을 받아선 안 된다는 겁니다. 그렇게 놀리는 아이가 잘못한 겁니다. 그러니 대신 아이에게 먼저 공감해 주세요. "돼지라고 놀림받아서 무척 화가 났겠다. 그건 그 아이들이 잘못한 게 맞아"라고 정서적으로 속상하고 화가 난 상황을 그대로 읽어 줍니다.

그런 다음 아이에게 감정적으로 대응하지 말 것을 당부합니다. "혹시 그때 너도 화가 나서 같이 놀리거나 욕을 했니? 아니면 그 친구를 때렸니?" 대부분은 아니라고 할 겁니다. 그럼 꼭 잘했다고 칭찬해 주세요. 이때의 칭찬이 우리 아이의 자기조절감을 높여 줍니다.

마지막으로 해결 방안을 제시해 줍니다. "다음에도 또 놀리면 그때는 선생님께 가서 말씀드려"라고 말해 줍니다. 이때 어떻게 말해야 하는지를 구체적으로 알려 줄 필요가 있는데, 가장 바람직한 답안은 "선생님, 지우가 돼지라고 놀려요"도 "선생님, 지우가 돼지라고 놀려요. 혼내 주세요"도 아닙니다. 바로 "선생님, 지우가 돼지라고 놀려서 너무 속상해요"라고 말하는 겁니다. 물론 그런 다음 부모님이 담임교사에게 이 같은 상황을 직접 알려 주는 편이 좋고요.

"돼지라고 놀림받아서 너무 속상해요"라고 말해야 하는 이유는, 그렇게 말을 해야 우리 아이가 담임선생님께 공감받을 가능성이 더 높아지기 때문입니다. "지우가 돼지라고 놀렸어요" "지우를 혼내 주세요" 이렇게 말하면 시끌벅적한 교실 속에서 담임교사는 지우를 불러서 빨리 혼내고 상황을 종료해 버릴 가능성이 큽니다. 하지만 아이가 "그런 일 때문에 속상해요"라고 말하면, 교사는 속상하다는 우리 아이에게 한 번 더 시선을 두게 됩니다. 먼저 아이를 위로해 주고 그다음에 지우를 불러서 훈육을 하게 되지요. 돼지라고 놀리는 아이를 몇 번 훈육한다고 해서 그 아이들이 그런 행동을 바로 멈추는 게 아닙니다. 얼마 안 가 또 놀리죠. 그런데 담임선생님이 돼지라고 놀림받아서 힘들어하는 아이를 위로해 주고 다독여 주는 모습을 보인 후에 놀린 학생을 훈육하면 상황이 조금씩 개선됩니다. 아이들이 안 보는 것 같아도 담임선생님이 뭘 하고 있는지 다 보고 있거든요. '우리 담임선생님이 돼지라고 놀림받은 아이를 저렇게 안타까워하고 위로해 주는구나' 하고 느껴야 그 아이를 함부로 놀리지 않게 됩니다. 또 놀림을 받은 아이도 그 자리에서 바로 정서적 공감을 받았기 때문에 그 순간 화가 풀리는 모습을 보이고요.

신체적 특징만큼이나 빈번하게 놀림의 대상이 되는 요소가 바로 청결입니다. 앞서 아이에게 명품 옷이나 브랜드 가방을 사 줘야 하는 게 아닌가 고민하기보다, 옷을 깔끔하고 단정하게 입고 다닐 수 있도록 신경 써 주는 편이 좋다고 했던 것을 기억하시나요? 이는 특히 저학년일수록 더 중요합니다. 아이가 세탁한 지 한참 된 듯한 옷, 찢어지거나 신체에 맞지 않는 너무 작은 옷(특히 계절에 맞지 않는 옷) 등을 입지 않도록 신경 써 주세요. 저학년 아이들 중에 편하다는 이유로, 또는 어떤 옷이 좋다는 이유로 매일 그것만 입고 등교하는 아이가 있습니다. 엄마도 아침에 옷 입는 걸로 실랑이하기 힘드니까 그냥 보내고요. 겉으로 보기에는 별문제 없어 보여도 아이들은 활동성이 많기 때문에 같은 옷을 2~3일 입고 다니면, 옷에서 금방 냄새가 납니다. 당사자만 모를 뿐이죠. 게다가 아이들은 냄새에 민감한 편이라 한두 번 어떤 친구에게서 이상한 냄새가 난다는 걸 느끼면, 이 이미지가 1년 내내 지속됩니다. 요즘에는 학교에서 모둠활동을 많이 한다고 말씀드렸죠? 그럴 때마다 냄새 나는 아이와 같은 그룹을 하고 싶지 않다며 찾아오는 아이들이 있습니다. 외모는 눈에 보이는 시각적 요소만 의미하는 것이 아닙니다. 오감을 자극하는 모든 부분이 외모에 포함된다고 봐야 합니다. 특히 아이들의 후각은 무척 예민하고, 후각을 통해 상대 아이의 외모를 판단하는 경향이 있다는 사실을 잊지 말아 주세요.

4학년 이상이 되면 슬슬 사춘기가 시작되는 아이들이 생깁니다. 이때부터 아이들은 외모에 대해 부쩍 관심을 갖게 되지요. 아이들 세계에서 관심받는 브랜드가 따로 생기기도 하고 여자 아이들의 경우, 화장도 하고 싶어 합니다. 또 다이어트를 시작하기도 하고요. 바로 이 시기에 아이가 잘못된 외모관을 갖지 않도록 해 주는 게 무엇보다 중요합니다. 아이들이 외모에 신경 쓰는 모습은 존중해 주되, 신체가 건강하게 자랄 수 있도록 생활하는 게 우선돼야 한다는 점을 강조해 주세요.

사춘기 아이들이 유명 연예인이나 모델들의 겉모습을 보고, 특히 어떤 연예인이 며칠 만에 엄청나게 체중을 감량했다는 내용의 영상 등을 보고 그대로 따라 하면 자신도 비슷한 체형을 가질 수 있을 거라 생각합니다. 하지만 초등 시기는 몸과 마음이 한창 성장하는 때입니다. 이 시기에 잘못된 다이어트를 하게 되면 삶 전반에 치명적인 영향을 미칠 수도 있어요. 의학적으로 문제가 되는 수준이 아니라면, 이 시기 아이에겐 다이어트보다는 좋은 식습관을 갖도록 유도하는 게 맞습니다.

학교 점심시간에 보면 급식을 지나치게 조금만 받거나, 급식을 받아도 먹는 척만 하고 대부분 잔반으로 버리는 아이들이 있습니다. 예전에는 주로 여자아이들이 그랬는데, 요즘에는 남자아이들도 부쩍 그런 경향이 늘고 있습니다. 왜 그렇게 급식을 남기냐고 물어보면 '맛이 없어서'라든가 '배가 아파서' 잘 못 먹겠다고 합니다. 하지만 이런 상태가 며칠이나 지속되는 아이는 대부분 다이어트 때문일 가능성이 큽니다. 학교 급식만큼 영양을 고려해서 잘 준비한 식사는 찾아보기가 힘듭니다. 모쪼록 가정에서도 학교급식은 골고루 잘 먹어야 한다고 지도해 주세요. 정 다이어트를 하고 싶다면, 콜라, 사이다, 초콜릿 같은 군것질거리를 줄이는 편이 좋다고 알려 주세요. 당연히 밤늦게 야식을 배달시켜 먹는 것도 안 됩니다. 부모님도 함께 지켜 주세요.

초등 여자아이들의 화장에 대해 좀 더 이야기해 보겠습니다. 제가 교직 생활을 시작한 지 얼마 되지 않았을 때는 초등학생이 무슨 화장이냐며 교실에서 화장을 못 하게 해 본 적도 있습니다. 그런데 이게 전혀 소용이 없더라고요. 교실에서 금지해도 결국 하교할 때 화장실에서 화장을 하고 학원을 갔기 때문이죠. 학원이 끝나면 학원 화장실에서 화장을 지우고 집에 가고요.

이 시기 여자아이들이 화장을 시작하는 이유는 외모에 대한 관심 때문일 수도 있지만, 또래 친구와 소통하기 위해서인 부분도 있을 겁니다. 서로 요즘 유행하는 화장법을 알려 주고, 머리도 따 주고 그러면서 비밀 얘기도 하고요. 자녀가 화장에 관심을 보이면 무조건 하지 말라고 말리기보다는, 기초화장을 어떻게 하는 건지 제대로 잘 알려 주는 편이 좋습니다. 화장품도 아이 피부에 맞는 걸로 엄마가 직접 신경 써서 준비해 주는 게 낫고요. "네 나이 때는 화장

안 해도 예쁘다”라는 말은 이제 통하지 않습니다. 외려 “화장 살짝만 해도 훨씬 더 예뻐져요”라는 대답만 돌아올 거예요. 꽤 오랜 기간 고학년을 담임을 맡았습니다. 초등 시기에 화장을 좀 한다고 해서 어른처럼 진하게 하진 않아요. 색이 살짝 들어간 립밤을 바르는 정도, 피부톤이 은은하게 밝아 보이는 선크림을 바르는 정도가 다죠. 그러니 무작정 화장하지 말라고만 하지 말고, 엄마가 직접 화장 잘 지우는 법을 알려 주거나 피부가 상하지 않도록 관리하는 법을 제대로 알려 주는 편이 좋습니다. 그리고 아이가 화장을 통해 친구들과 친밀하게 교류하고 있음을 부디 긍정적으로 이해해 주세요.

사춘기 남학생의 경우, 외모에 관심을 갖기 시작하면 씻는 시간이 길어집니다. 여자아이들이 외모에 신경을 쓰는 이유는 대체로 자기만족 때문인데요, 남자아이는 좀 다릅니다. 우리 지우가 5학년, 6학년이 되더니 갑자기 브랜드 옷을 찾고, 신발도 지목해서 어떤 걸로 사 달라고 하고, 거울 보고 빗질하는 시간이 길어졌다면 학급이나 학원에서 여자 친구가 생겼을 가능성이 높습니다. 여자 친구까지는 아니어도 누군가 신경 쓰이는 아이가 생겼을 가능성이 무척 높아요. 그럴 땐 혹시 좋아하는 아이가 있는지 물어봐 주세요. 대부분의 경우, 없다고 하거나 모른다고 할 겁니다. 그렇게 말해도 “진정한 매력은 외모가 아닌 좋은 매너에서 나온다”라는 것을 꼭 강조해 주세요. 그러지 않을 경우 남자아이는 자칫 잘못된 이성관을

갖게 될 위험이 크거든요. 남자아이들은 여학생으로부터 고백을
받았을 때 그걸 스킨십을 해도 된다는 걸로 알아듣는 경우가 많습
니다. 하지만 고백과 스킨십은 별개의 문제입니다. 멋진 남자로 기
억되고 싶다면 반드시 적정 거리를 두고 매너를 지키라고 알려 주
세요. 그것이 외모를 가꾸는 것보다 더 중요하다는 걸 이 시기에 인
식할 필요가 있습니다.

공식적인 리더가 돼 보는 경험

아이들의 세계에서 리더란, 두 가지 양상을 보입니다. 하나는 그룹 내 친구들로부터 인정받는 리더이고, 다른 하나는 학급 또는 학교의 다른 학생들로부터 투표를 통해 인정받은 공식적인 리더죠. 후자는 흔히들 '학급 회장' '전교 회장'이라는 이름으로 불립니다.

누구나가 다 공식적인 리더가 되는 경험을 해 볼 수 있는 건 아닙니다. 이는 사회적역량 중에서도 특히나 무겁고 어려운 '책임과 동시에 권한도 가져 보는 경험'이기에, 투표와 같은 민주적 절차를 통해서만 인정되지요. 이 중 전교 어린이 회장에 관한 이야기를 해 보겠습니다. 근래에는 '학생자치회'라고 불리고 있는데요, 그래서 이곳의 장도 '전교 (어린이) 회장'이 아닌, 학생자치회장이라 불립니다. 이름이 내포하듯 이들의 역할은 전교생을 대표한다기보다 학생들의 의견이 학교 교육 현장에 반영될 수 있도록 돕는 것입니다. 실제로 학교 예산에는 학생자치회 활동을 위한 운영비도 포함돼 있습니다. 학생자치회 임원이 된다는 건, 학교에서 공적인 사회생활을 경험해 보는 아주 귀한 경험인 것입니다.

> "다들 한 번쯤 깜박하고 필통을 안 가져온 경우 있으시죠? 또는 미술 시간에 가위나 풀을 깜박하는 경우는요? 이런 때 언제든 가져다 쓸 수 있는 무인 준비물 대여소를 운영하겠습니다."

이를테면 한 학생이 위와 같은 공약을 하고, 당선이 되었습니다. 그럼 그 학생은 자신이 약속한 공약을 지키기 위해 노력해야겠지요. 학생자치회 회의를 통해 학생들이 필기구나 준비물을 대여할 수 있는 공간을 학교에 건의하고, 관련 물품들을 구매합니다. 이때 필요한 물품 목록은 자치회 회의 및 투표를 통해 정하고, 물품 구매 비용은 학생자치회 운영비로 충당합니다. 또 쉬는 시간과 점심시간에 무인 대여소를 어떻게, 누가 돌아가면서 관리할지, 학생들에게는 어떤 방식으로 대여할지 등도 정해야 합니다. 그뿐만이 아닙니다. 많은 경우, 학생자치회 운영비로 바자회 등을 열고 그 수익금 일부를 기부하는 활동도 하고 있습니다. 이런 역할을 주도적으로 해 보는 경험만으로도 사회성 발달에 큰 도움이 됩니다.

이렇게 말씀드리고 싶습니다. 우리 아이가 선거에서 당선되지 않더라도 괜찮습니다. 학생자치회 회장단 선거에 도전하는 것만으로도 사회적역량을 배우고 키울 수 있는 좋은 기회가 될 테니까요. 또 자기가 직접 출마하지 않아도 내가 응원해 주고 싶은 친구를 위해 함께 선거유세를 해 보는 활동도 무척 좋습니다. 학교마다 학생자치회장 선거 규정이 있습니다. 세부 규정은 조금씩 다 다르겠지만, 일반적인 수순은 국회의원 선거나 대통령 선거 방식과 거의 비슷합니다. 제일 먼저 입후보 등록 기간을 줍니다. 그러면 그 기간 동안 입후보하겠다는 신청서를 제출합니다. 그렇게 입후보를 하면 해당 학생들에게 공정한 선거를 위한 교육을 실시합니다. 그 교육에는 선거 절차에 대한 사전 안내, 선거기간 동안 해서는 안 되는 것들, 선거 홍보물 제작 및 설치, 선거 유세 활동 범위 등이 포함됩니다. 이 교육이 끝나면 이제 아이들은 정해진 기간 동안 선거 홍보용 팸플릿도 만들고, 정해진 시간, 정해진 장소에서 선거유세도 합니다. 제가 근무하는 학교에서는 일주일 동안 아침 등교 시간에 아이들이 주로 이용하는 중앙 현관 부근에서 선거유세를 할 수 있게끔 되어 있는데요. 그 기간이면 아침마다 선거유세하는 입후보자들과 자신의 친구를 응원하는 아이들로 시끌시끌합니다. 이 같은 유세 기간이 끝나면 투표를 통해 학생자치회 회장과 부회장이 결정되지요. 임원으로 선출되지 않아도 선거에 출마하고, 관련 교육을 받고, 나를 지지해 줄 친구를 찾고, 유세 활동을 하는 그 자체만으로도 더할 나위 없이 좋은 사회교육이 됩니다.

아울러 회장단 선거를 직간접으로 체험하는 일은 민주적 절차를 경험해 보는 좋은 기회가 됩니다. 아이의 사회성 발달에 중요한 부분 중 하나가 바로 민주적 절차에 대한 이해입니다. 사회성이란 게 꼭 사교적 친교 관계에만 필요한 게 아니거든요. 또한 선거 참여는 공정성을 배우는 기회도 됩니다. 보통 학교마다 정해진 공식 선거기간이 있습니다. 그러면 그 순간부터 입후보한 학생은 친한 친구라고 해서 편의점이나 학교 근처 분식집에서 먹을 것을 사 주면 안 됩니다. 마찬가지로 그 기간 동안은 생일이라고 해서 친구들을 집에 초대하거나 떠들썩한 파티를 열어서도 안 됩니다. 자칫 큰 오해를 살 수 있으니까요. 실제로 투표가 다 끝나고 A라는 학생이 당선된 후에 다른 학생으로부터 '부정선거의혹'이 제기된 적도 있습니다. A 학생이 방과후에 몇몇 친구들을 따로 불러 자기를 찍어 달라고 편의점에서 음료수를 사 줬다는 제보였죠. 관련 학생들을 따로 불러서 확인해 본 결과, 해당 학생이 음료수를 사 준 건 맞지만, 선거기간에 산 게 아니고 또 평소 방과후 축구가 끝나면 목이 마르기 때문에 친한 친구들끼리 서로 번갈아 가며 음료수를 샀는데, 그 날은 A의 차례였던 것뿐이었습니다. 이러한 일련의 경험은 공식적 인 절차를 지켜야 한다는 감각뿐 아니라, 어떤 일에 있어 부정함이 없어야 한다는 '공정에 대한 의식'을 갖게 해 줍니다. 사회성 발달 면에서 '공정'은 중요한 의미를 담고 있고요.

학생자치회의 역할은 점점 더 커지고 있습니다. 실제 활동도 늘었고요. 학생자치회장이 되면 그저 회의를 몇 번 참석하는 정도 로 알았는데, 실제 활동이 많아서 놀랐고 덕분에 더 좋았다고 말 하는 아이들도 있습니다. 학생들 의견도 취합해야 하고, 그 내용을 학교 측에 전달도 해야 하고, 더 나아가 학생자치 활동도 기획해 야 하거든요. 이 과정이 제대로 이뤄지는 학교에서라면, 자치회 임 원으로서의 경험은 둘도 없는 정말 소중한 경험이 됩니다. 타인 관 계성 및 사회성을 크게 성장시키는 촉매제가 될 수 있으니까요. 요 즘에는 동네에서 아이들이 섞여 노는 경우가 별로 없습니다. 같은 반, 같은 학년 친구들만 몇 아는 정도랄까요. 그런데 학생자치회 임원을 하다 보면 같은 반, 같은 학년뿐 아니라 선후배들과도 교류 가 생깁니다. 또 열심히 하는 선배를 보면서 동기부여를 받기도 하 고요. 학생자치회 활동을 통해 선후배 간 학교폭력 예방에 도움이 되었다는 우수 사례도 있고요.

그러니 학급 회장단 선거나 학교 회장단 선거기간이 되면, 우리 아이에게 관련 내용을 알려 주고 한번 도전해 보라고 권하는 건 어떨까요? 물론 자녀의 입장이나 의견을 듣고 존중하는 과정은 필요합니다. 아이들마다 본디 가진 성향도, 그들을 둘러싼 상황도 저마다 모두 다를 테니까요. 학생자치회 임원이 뭔지는 잘 모르겠고 관심도 없었지만, 부모의 권유에 약간이라도 망설이는 게 보인다면 적극 권장해도 좋습니다. 다만 너무 부담되고 자기는 그런 활동에 전혀 관심이 없다고 명확하게 표현한다면, 그 의견을 존중해 주시길 권합니다. 이런 경우, 네가 응원하는 친구를 위해 규정을 지키는 범위 안에서 같이 유세해도 된다고 알려 주면 좋아요.

한편 아이는 한번 도전해 보고 싶은데 가정에서 반대하는 경우도 있습니다. 학생자치 활동이 학습에 지장을 줄까 염려되어 말리는 경우도 있고, 혹시라도 아이가 회장이 되면 학부모까지 덩달아 학교행사에 적극적으로 참여해야만 할 것 같아서 넌지시 입후보 신청을 하지 않았으면 좋겠다고 말하기도 합니다. 이 기회에 분명히 말씀드립니다. 학생자치 활동은 학생의, 학생에 의한, 학생을 위한 학생 활동입니다. 학부모 활동이 아니고요. 우리 아이가 출마하고 싶다면 그 의견을 지지해 주세요. 당선이 되든 되지 않든, 아이는 선거 활동을 한 추억만으로도 성취감을 얻게 됩니다. 그리고 그 성취감은 아이의 사회적역량을 기르는 데 훌륭한 밑거름이 됩니다.

아이의
메타인지를 키우는
식물 가꾸기

누군가(혹은 무언가)를 보호하고 돌보는 책임 의식은 사회성의 큰 주축을 이룹니다. 이 대상은 타인뿐 아니라 다른 생명으로까지 확대될 수 있습니다. 그리고 이렇게 확대된 결과가 바로 반려동물이라는 개념의 등장입니다. 최근에는 여기서 더 나아가 반려 식물이라는 개념까지 등장하기 시작했죠.

초등 5~6학년이 되면 실과 시간이 있습니다. 구체적으로 식물을 심고 가꾸는 것에 대해 배우지요. 반려 식물의 관념으로까지 나아간 건 아니지만, 이 시간에는 주로 지속 가능한 친환경 재배와 관련된 것들을 배웁니다. 대부분의 아이들이 아파트에 살고 있기 때문에, 텃밭보다는 가정에서 키울 수 있는 화분 심기 위주로 배우고요. 저희 반에서는 긴 화분 10개와 대형 원형 다라이 한 통에 흙과 거름을 채우고 거기에 상추, 고추, 방울토마토, 기타 채소 모종을 심었습니다. 아이들의 목표는 이걸 열심히 재배해서, 5월 중순 요리 실습 때 자기들이 직접 키운 채소로 삼겹살을 싸 먹는 겁니다.

실과 교과에는 식물 가꾸기, 동물 키우기와 관련된 내용이 나옵니다. 동물에는 가축과 반려동물이 있지요. 뭐가 되었든 아이들이 직접 생명을 키워 나가는 경험은 정서적인 측면에서 매우 중요합니다. 특히 공감 능력을 무럭무럭 자라게 하는 데 무척이나 도움이 되지요. 그리고 공감력은 사회성을 높이는 훌륭한 토대가 됩니다. 다만 여러 현실적인 이유로 가정에서 동물을 키우기 어려운 경우가 있습니다. 하지만 식물 가꾸기 정도는 어느 가정이든 충분히 가능하지요. 베란다 창가에 화분 몇 개만 놔도 자녀의 공감 능력을 자라게 하고 아이가 행복한 시간을 보내도록 도와줄 수 있습니다.

'공감'이라는 현상은 기본적으로 '감정전이'를 통해 이루어집니다. 이러한 감정전이는 자신을 열어 보이고 또 동시에 상대방을 잘 관찰하는 데서 시작됩니다. 식물을 키우면서 아이들은 오감을 열고 관찰합니다. 심리적인 방어기제를 전혀 작동시키지 않고 말이죠. 그러면서 말 못 하는 식물의 상태를 온몸으로 느낍니다. 시들시들한 모습을 보고 걱정되는 마음에 물을 더 줘 보기도 합니다. 물을 머금은 덕에 다시 생기가 도는 잎을 보고 기뻐하기도 하고요. 식물 자체에서 나오는 향기를 맡으면서 한순간, 거의 식물과 하나가 된 듯한 경험이랄지, 공감의 절정을 누립니다. 이처럼 식물 가꾸기는 아이에게 내가 아닌 다른 누군가(혹은 무언가)의 감정 상태를 '느끼고 반응하는 훈련'을 자연스럽게 제공합니다. 공감 능력은 단순히 '느끼는 것'이 아니라, 상대의 필요를 알아차리고 이를 행동으로 옮길 수 있는 힘을 의미합니다. 식물을 돌보는 일은 이를 반복적으로 연습하게 해 주지요.

또한 식물을 기르는 과정은 사회성에서 중요한 '책임감'을 길러 주는 효과가 있습니다. 식물은 한번 돌보고 끝나는 대상이 아니라, 꾸준한 관심과 반복적인 관리가 필요한 존재입니다. 물 주기, 햇빛 조절, 가지치기 같은 책임감 있는 돌봄 행동을 얼마만큼 잘하는지에 따라 식물은 시들어 죽거나 열매를 가득 맺는 등 눈에 보이는 결과를 가져오지요. 아이는 이 과정을 통해 '내가 돌보는 존재에게는 내 행동이 직접적인 영향을 준다'라는 사실을 깨닫게 됩니다. 그리고 바로 그 인식이 인간관계 속에서도 '책임감'으로 드러나게 되는 거고요. 실제로 교실에서 식물 가꾸기를 성실하게 임하는 아이들은 다른 친구들과의 약속을 책임감 있게 지키는 모습을 보입니다.

그 밖에도 식물 가꾸기는 사회성 향상에 도움이 되는 성취감, 인내심을 키우는 데 직간접적인 영향을 줍니다. 게다가 무엇보다도 시들어 가는 잎사귀를 보면서 간접적으로 삶과 죽음에 대해 나름 대로 고민해 보게 하지요. 이는 메타인지 발달에도 매우 중요한 역할을 합니다. 메타인지는 자신과 타인의 마음을 동시에 인식하는 능력으로, 사회성이 고차원적으로 발현된 형태입니다. 아이는 식물의 성장 과정을 관찰하며 스스로 '왜 이 잎은 시들었을까?' '내가 물을 너무 많이 줬나?'처럼 원인과 결과를 추론합니다. 이런 자기 점검 과정은 단순한 자연학습을 넘어, 자신의 행동과 감정을 성찰하는 훈련이 됩니다. 이처럼 식물을 돌보며 생명과 환경의 관계를 인식하는 과정은 결국 아이가 '세상 속의 나'를 이해하는 사회적 사고의 토대가 됩니다. 식물 가꾸기는 사회성뿐 아니라 좋은 삶을 전체적으로 조망하는 메타인지, 그리고 그 과정에 필요한 인성을 가꾸고 키우는 데 매우 큰 도움이 됩니다.

특히 우리 아이가 채소를 잘 먹지 않아 걱정인 부모님들께 식물 가꾸기를 적극 권장드립니다. 아파트 베란다에서 키울 것을 고려하면 아무래도 잎채소가 좋겠지요. 물만 주어도 무럭무럭 자라고, 며칠에 한 번씩 아이와 함께 뜯어서 먹을 수도 있으니까요. 아이들은 희한하게 시장에서 사 온 채소는 입에도 대지 않으면서 자기가 직접 키운 채소는 어떤 맛일지 무척 궁금해합니다. 이는 단순히 식습관을 좋게 하는 데만 영향을 주는 게 아닙니다. 처음에는 무척 싫었던 어떤 것이, 애정을 갖고 정성스레 돌보는 과정에서 나와 (심리적·신체적으로) 가까워지는 경험을 해 보는 것. 그리고 바로 이 경험을 통해 아이는 타인에게 어떻게 다가가야 하는지를 간접적으로 알게 됩니다.

이성에 관심을 보이기 시작하는 초등 5~6학년 아이들에게 한 번쯤 키우는 걸 권장하고 싶은 식물이 있습니다. 바로 봉숭아입니다. 봄에 씨를 뿌리면 6월부터 여름 내내 꽃을 피우는 봉숭아. 그럼 여름방학이 되기 전에 꽃잎을 따서 손에 물을 들일 수 있어요. 남자아이, 여자아이 할 것 없이 모두 좋아하고요. 이때 첫눈이 올 때까지 봉숭아 물이 남아 있으면 '첫사랑'이 이루어진다는 이야기를 해 주는 겁니다. 식물을 키우며 '사랑'과 '기다림'이라는 개념을 간접적으로나마 배운다고 할까요. 아마 아이는 자기가 어떤 사람을 만나게 될지 혼자서 상상하고, 또 그 사람과 만나기 위해 스스로도 멋진 사람이 되려고 노력할 겁니다.

한번 잘 심어 놓으면 자녀에게 평생토록 든든한 동반자가 될 수 있는 식물이 있습니다. 바로 나무죠. 직장 일로 좀처럼 아이에게 시간을 내기 어려운 아빠에게 적극 추천합니다. 평생 딱 한 번만 고생하면, 자녀에게 평생 든든한 대상을 만들어 줄 수 있거든요. 나무가 주는 의미는 아주 큽니다. 아이가 어른이 되어도 나무는 죽지 않고 그 자리에 있지요. 자신의 키보다 훨씬 커진 나무를 바라보며 느끼는 감동, 가족과의 추억은 평생에 걸쳐 아이의 든든한 심리적 자산

이 되어 줍니다.

우리 조상들은 보통 여자아이가 태어나면 마당에 오동나무를 심었습니다. 성장 속도가 매우 빠른 나무라, 딸아이가 결혼할 때 혼수로 쓸 장롱을 만들기 위해서였지요. 열매를 맺는 나무는 많은 사람들의 주목을 끌고, 세월이 가면서 손을 탈 염려가 있으니 평범한 나무를 추천합니다. 다른 사람들에게는 수많은 나무들 중 하나처럼 보여도 내 자녀에게만큼은 특별한 나무가 될 테니까요.

정신분석가 이승욱 교수가 쓴 『소년』이라는 책이 있습니다. 자신의 유년 시절 기억을 되짚어 나간 자전적인 이야기가 담긴 책인데요. 어린 시절 아버지와 함께 어느 절에 나무를 심었던 기억을 더듬는 내용이 나옵니다. 몇십 년 뒤, 어른이 된 소년이 그곳을 찾아가 아버지와 함께 심었던 그 나무를 찾아보는데요. 커저 버린 나무 아래서 돌아가신 아버지를 느끼는 장면이 나옵니다. 우리 아이의 초등 시기의 기억이 부모가 문제집을 보며 버럭 소리 지르는 장면으로 각인되지 않기를 바랍니다. 그 대신, 언제까지나 나를 기다려 주고 바라봐 주는 한 그루 나무로 기억되기를 바랍니다.

아름다움을 공유할 줄 아는 아이

: 아이의 심미적 감수성을 높이는 법

'심미적 감수성'이라는 표현을 들어 보셨나요? 교육학에서는 이를 두고 '개방적 태도와 반성적 성찰, 사회현상에 대한 공감적 이해, 문화적 소양 등을 통해 아름다움과 가치를 발견하고 향유하는 것'이라고 정의하는데요. 심미적 감수성을 단순하게 표현하면, '아름다움에 대한 민감도를 타인과 공유하는 것'이라고 말할 수 있습니다. 대체 '아름다움에 대한 민감도'가 사회성 발달과 어떤 관련이 있는지 의아할 수도 있습니다. 한번 차근차근 살펴보도록 할까요?

인간은 뭔가 마음에 들고 자기에게 좋은 것이 있으면 그것을 소유하고 싶은 욕구를 강하게 느낍니다. 그런데 아이러니하게도 동시에 그것을 많은 사람들에게 알리고 공유하고 싶은 욕구 또한 강하게 느끼죠. 심미적 감수성이 자녀의 사회성에 깊은 영향을 주는 이유는 바로 아름다움을 '공유'하고자 하는 욕구를 자극하기 때문입니다. 근래에는 아름다움을 느끼고 공유하고 싶어 하는 심미적 감수성이 높은 아이들, 그런 아이들이 새로운 문화를 만들고 삶을 더욱 풍요롭게 만드는 데 가장 앞서서 나아가고 있습니다. 이제 사회성은 아름다움을 느끼고 공유하느냐 아니냐와 뗄 수 없는 관계가 되어 버렸습니다. 오늘날의 시대가 그렇게 만들었지요. 아름다움은 문화라는 이름으로 콘텐츠가 되고, 더 나아가 인종도, 국적도, 연령도 모두 다른 사람들을 연결하고 그들이 폭넓게 교류할 수 있도록 돕는 역할을 합니다.

이처럼 심미적 감수성은 단지 아름다움을 느끼는 감각만을 의미하는 표현이 아닙니다. 아름다움을 '함께 느끼고 싶은 마음'까지를 포함하는 개념이죠. 그리고 바로 이 '함께 느끼고 싶은 마음'이 사회성 발달로 이어집니다. 예를 들어 미술 시간에 한 아이가 "내 그림에 쓴 하늘색이 너무 예쁘지 않아?"라고 묻자, 친구가 "응, 진짜 맑은 느낌이야. 너 하늘 되게 잘 그린다"라고 대답합니다. 이때 두 아이는 단순히 색깔을 칭찬한 게 아니라, 서로의 감정 상태를 공유하며 '같이 느끼는 경험'을 나누고 있는 겁니다. 이 과정에서 공감 능력과 표현력, 관계 형성의 기술이 함께 자랍니다.

또 다른 예로 음악 시간에 반 친구들이 모두 박자를 맞추지 못해 어수선할 때, 한 아이가 "같이 다시 해 보자. 이번엔 내가 소리를 작게 내 볼게"라고 말합니다. 이 행동은 단순한 배려가 아니라, '소리의 조화'를 이루고자 하는 심미적 감수성에서 비롯된 사회적 조정 능력입니다. 아름다움을 만들어 가는 과정에서 아이들은 타인의 감정과 리듬을 고려하는 '협동의 미학'을 배워 갑니다.

위 사례처럼 심미적 감수성이 높은 아이들은 보통 미술이나 음악 시간에 그 두각을 드러낼 거라고 생각하지만, 반은 맞고 반은 틀립니다. 분명 이 아이들의 미술 시간이나 음악 시간의 결과물을 보면, 감탄사가 절로 나옵니다. 그런데 요즘에는 미술학원이나 음악학원에 다니는 아이들이 제법 많기 때문에 이게 심미적 감수성이 높기 때문인지, 아니면 학원에서 배운 테크닉 덕분인지 모호할 때가 있어요. 일단 학원에서 따로 뭔가를 배운 아이들의 경우, 확실히 결과물이 남다르게 나오긴 하거든요. 진짜 심미적 감수성이 높은 아이들은 과학 시간이나 수학 시간에 오히려 구분이 더 잘됩니다.

대개 아름다움을 감성적이고 추상적인 어떤 걸로 여기는 경향이 있는데, 사실 아름다움은 굉장히 규칙적이고 일정한 패턴을 갖습니다. 뛰어나게 아름다운 그림을 분석하면 균형감이 두드러진다거나 움직임이 역동적이며, 빛이나 그림자의 방향 같은 것들이 지극히 과학적인 법칙과 맞아떨어지기도 합니다. 이와 비슷한 맥락으로 심미적 감수성이 있는 아이들은 의외로 상당히 논리적입니다. 규칙성을 중요시하고요. 이런 아이들은 어떤 실험을 하기 전에 늘 먼저 가설을 세우고 실험을 시작합니다. 가설을 세우는 행위는 당연히 어떤 근거를 가지고 논리적으로 예측하는 과정이고요. 수학도 주어진 문제에 대해 기존에 배운 수학적 규칙과 약속을 도구 삼아서 접근하고요. 그래서 미술이나 음악 시간의 결과물이 남다른데 거기에 수학이나 과학적 현상에 대한 이해도까지 높으면, 그 아이는 심미적 감수성이 남다르다고 판단할 수 있습니다.

심미적 감수성을 높이기 가장 좋은 시기는 미취학 시기입니다. 좀 더 확대하면 초등 시기까지도 가능하고요. 특히 오감을 만족시킬 만한 활동을 충분히 경험하는 게 아이의 심미적 감수성을 발달시키는 데 큰 도움이 됩니다. 대표적으로 뭔가를 직접 만들면 자연스럽게 다양한 감각을 사용하게 되지요. 이때 중요한 건 최대한 다양한 재료를 사용해 보는 겁니다. 가만 보면 종이접기 하는 아이는 종이만 접고, 레고 하는 아이는 레고만 만들고, 그림 그리는 아이는 그림만 그리지요. 그런 면에서 요리를 추천합니다. 요리는 메뉴에 따라 매번 다양한 재료를 만질 수 있고, 후각과 미각까지 사용할 수 있죠. 같이 요리를 하면서 아이들이 맛보고 향기를 느끼며 쏟아 내는 감탄사, 그리고 이를 함께 먹는 행위가 우리 아이의 심미적 감수성을 무럭무럭 자라게 해 줄 것입니다.

'스토리' 역시 심미적 감수성을 높여 주는 중요한 요소 중 하나입니다. 예를 들어 이런 겁니다. 아이가 나무를 예쁘게 그렸어요. 누가 봐도 예쁘게 그렸습니다. 그런데 이것만으로는 심미적 감수성을 높였다고 말하기 어려운 경우가 있습니다. 이런 때는 어떤 작업을 하기에 앞서 스토리를 붙여 주면 좋습니다. 예를 들어 나무를 그리는데, '친구를 기다리는 나무'를 표현해 보라고 하는 거예요. 아스팔트 도로에 혼자 서 있는 나무가 너무 외로워서 숲을 그리워하고 있고, 가끔씩 나비나 새라도 날아오기를 기다리는 그런 나무를 표현해 보라고 하는 겁니다. 그럼 아이는 그 스토리를 떠올리면서, 나무의 마음에 감정을 이입해 묘사하게 됩니다. 이처럼 자녀의 심미적 감수성을 높여 주려면, 어떤 작업이나 미션을 수행할 때 스토리를 함께 제시하면 좋습니다.

미취학 시기 미술관이나 박물관은 생각보다 영향력이 적습니다. 직접 체험하는 것이 아니고 주로 시각에만 의존하기 때문입니다. 외려 이보다는 연극 공연을 관람하는 쪽이 더 좋습니다. 특히 어린이를 위한 연극에는 시각뿐 아니라 청각 자극도 풍부하거든요. 감성적인 부분도 아이의 눈높이에 맞게 구성돼 있고요. 심미적 감수성에 필요한 요소 중 하나가 공감력인데, 연극의 스토리를 통해 사물이나 사람에 대한 공감력을 높여 줄 수 있죠. 미술관이나 박물관은 어느 정도 배경지식을 가지고 있는 상태에서 체험해야 심미적 감수성을 자극하는 데 효과적이므로, 초등 3학년 이상부터 관람시키기를 권장합니다.

〈나에게 갑자기 강아지와 말을 할 수 있는 능력이 생긴다면?〉이라는 주제로 글쓰기 숙제를 내준 적이 있습니다. 대부분은 이렇게 적습니다. 우리 집 강아지 얘기를 잘 들어 주고, 어떤 어려운 점이나 힘든 점을 직접 듣고 해결해 줄 거라고요. 조금 더 현실적인 아이들은, 수의사가 되어 강아지한테 직접 어디가 아픈지 정확하게 물어볼 거라고도 합니다. 그런데 한 아이가 이렇게 표현했습니다. 강아지와 대화를 할 수 있게 되면, 너무 힘들 것 같다고 말이죠. 더 정확하게는, 지금도 강아지를 가족이라고 생각하며 키우고 있는데, 대화까지 가능해지면 이제 더 이상 강아지가 아니라 똑같은 사람처럼 느껴질 것 같아서 힘들다고 했죠. 여기서 말하는 '힘들다'에는 여러 감정이 복합적으로 들어 있습니다. 행복하지만 너무 슬플 것 같고, 또 너무 화가 날 수도 있을 것 같고, 너무 간절하게 될 수도 있을 것 같다는 그런 감정이 말이죠. 이는 심미적 감수성이 관계성 안에서 어떻게 작용하는지를 잘 아는 아이만 할 수 있는 대답입니다.

이처럼 심미적 감수성은 아이들이 타인의 감정, 표현, 반응을 세심히 관찰하고, 그것을 자신의 감정과 연결시키는 경험을 통해 강화됩니다. 아름다움을 느끼는 감정이 '나만의 감동'에 머무르지 않고, '너도 느꼈으면 좋겠어'로 확장될 때 비로소 아이의 사회성이 한 단계 더 성장하는 것입니다. 결국 심미적 감수성은 타인과 감정을 나누는 법, 즉 '함께 느끼는 관계의 언어'를 배우는 과정입니다.

몸을 움직이는 만큼 아이의 사회성이 발달한다

초등 1~2학년 시기에는 체육 교과가 따로 구분되어 있지 않습니다. 그 대신 '즐거운생활'이라는 교과 활동에서 노래를 부르고 율동을 함께 하는 식으로 체육과 비슷한 활동이 이뤄지지요. 그리고 3학년부터 본격적으로 체육 과목이 생기기 시작하는데, 보통 주 3회, 40분씩 총 120분을 체육 수업에 할애합니다.

안타까운 부분은 1~2학년의 경우, 담임교사의 역량이나 의지, 체육에 대한 관심도에 따라 체육과 관련된 활동 시간이 학년이나 학급별로 차이가 날 수밖에 없다는 점입니다. 보통 같은 학년끼리는 어느 정도 비슷하게 활동량을 맞추긴 합니다만, 아이들의 발달 과정에서 필요한 만큼 적절한 신체 활동이 이루어지고 있는지에 대해서는 학교별로 관심과 주의가 필요합니다. 3학년 이상은 체육 시간이 고정되어 있어서 최소한 주당 3차시는 유지되는데, 이것도 넉넉하다고 보기는 어려워요.

더욱더 안타까운 점은, 아이들이 운동장에서 마음껏 뛰놀며 신체 활동을 할 수 있는 학교가 점점 줄어들고 있다는 겁니다. 실내 체육관이 있는 학교는 괜찮을 거라 생각하실지 모르겠지만, 보통 실내 체육관의 크기는 농구장만 합니다. 두 학급이 동시에 수업을 진행하기는 어려운 부분이 있지요. 운동장이 있어도 학교시설 증축이나 개보수, AI 교실 확보 등 건물을 추가로 짓느라 결국 운동장 일부분을 할애해 만드는 경우가 대부분입니다. 그렇게 작아진 운동장에서 전체 6개 학년이 시간대별로 쪼개서 체육수업을 잡다 보면, 실제 운동장에서 체육 활동을 하는 횟수가 손에 꼽을 정도로 적은 학교도 있습니다. 특히 학급 수가 많은 학교일수록 이런 경향은 더욱 심해지고요. 운동장이 좁다 보니, 아이들이 부딪히거나 하는 부상의 위험도 높아져 점심시간에도 운동장 사용을 금지하고 있는 학교가 늘고 있는 상황입니다.

세계보건기구WHO에서 권장하는 5세~17세 아이들의 하루 권장 운동 시간은 최소 60분 이상입니다. 그냥 적당히 운동하는 게 아니라 중등도에서 고강도 신체 활동을 권하는데, 중등도에서 고강도 신체 활동라 함은 움직이면서 제법 숨이 차고 땀이 나는 정도의 운동을 의미합니다. 구체적인 종목으로는 축구, 농구, 수영 정도를 들 수 있겠지요. 세계보건기구가 주관한 〈2022 국제신체활동과 건강〉 조사 결과를 보면, 한국의 청소년 94.2퍼센트가 하루 1시간 미만으로 신체 활동을 하는 것으로 나왔는데요. 이는 당시 조사 대상 146개국 중에서 최하위 수준이었습니다. 심각한 상황이지요. 교육부와 질병관리청에서 매년 '청소년건강행태조사'를 하는데요. 23년도 자료를 보면 하루 60분, 주 5일 이상 운동하는 초중고 학생의 비율은 남학생 경우 23.4퍼센트, 여학생은 그 절반도 안 되는 8.8퍼센트에 불과했습니다. 연세대 스포츠응용산업학과 전용관 교수의 연구 보고서에 따르면, '주 4일, 하루 60분 이상' 신체 활동을 하는 청소년의 비율이 한국은 21퍼센트인 데 반해 미국과 일본은 60~66퍼센트로, 우리나라보다 세 배 이상 더 높았습니다. 참고로 핀란드의 경우, 80~86퍼센트로 우리나라보다 네 배는 더 높았고요.

세계 각국, 특히 선진국에서는 이제 운동 시간을 신체 건강을 위한 시간이라고 한정하지 않습니다. 신체 활동이 청소년의 심리발달과 정서적 안정에 긍정적인 영향을 준다는 연구 보고는 이미 너무나도 많습니다. 한국체육학회 연구 보고에 따르면 신체 활동이 활발한 청소년일수록 자아존중감이 높고, 우울이나 자살 생각 같은 것도 하지 않게 된다고 합니다. 그 밖에도 신체 활동이 리더십을 키우고 사회성을 발달시키는 데 영향을 준다는 연구논문들은 이미 셀 수도 없이 많습니다. 하버드 의대 임상정신과 존 레이티 교수가 공동집필한 저서 『운동화 신은 뇌』를 보면 운동이 뇌에 상당히 많은 영향을 주고 있는 것을 알 수 있는데요. 이 책은 0교시에 체육 시간을 넣거나 신체 활동을 실시한 학교 학생들의 성적이 오른 사례, 유산소운동만으로도 항우울제를 복용한 것과 비슷한 효과를 낼 수 있다는 보고서, 운동만으로도 여성의 치매 발병 확률이 절반 이상 낮아진다는 연구 결과, 심지어 운동을 통해 새로운 뇌세포가 자라는 케이스 등을 소개하며 종국에는 이렇게까지 이야기합니다. "운동 부족은 우리 뇌를 죽음으로 이끌 수 있다"라고요.

갈수록 심해지는 학교폭력, 정서적 어려움이나 관계적 힘겨움을 호소하는 학생 수의 증가… 이 모든 것의 원인 중 하나로 항상 꼽히고 있는 게 바로 아이들의 신체 활동 부족입니다. 그리고 그렇게 만든 아주 큰 원인 중 하나가 바로 스마트폰 사용이고요. 스마트폰을 손에서 놓고 타인과 함께하는 신체 활동 시간을 늘리는 것만으로도 아이의 사회성과 정서적 안정감에 긍정적인 영향을 줄 수 있습니다. 안타깝지만 오늘날에는 가정에서 따로 신체 활동에 대한 계획과 실천이 없으면, 학년이 올라감에 따라 점점 신체적으로 활동할 기회가 줄어들 거예요. 그리고 줄어든 신체 활동량만큼 심리·정서적 어려움이 동반될 거고요. 또 그만큼 타인과 함께하는 사회적 역량을 키우는 과정도 힘겨워질 가능성이 높습니다. 실제로 그런 모습을 보이고 있고요.

다행히 가정에서 힘들이지 않고 또 경제적으로도 적은 비용으로 자녀의 신체 활동을 높이는 좋은 방법이 있습니다. 바로 방과후 학교 프로그램 중 체육 활동 프로그램을 최대한 활용하는 것이지요. 여학생의 경우 '여자아이인데 축구나 농구같이 격한 활동을 어떻게 시키지?' 하고 아예 배제해 버리는 경우도 많은데, 그러지 않는 게 좋습니다. 초등 시기 여학생은 신체 발달 속도가 남학생보다 빠른 경우도 많아서 축구나 농구를 시켜도 충분히 잘 해내고, 또 스스로도 이를 즐기는 모습을 자주 보입니다. 그 과정에서 팀워크 같은 동료의식이나 친구에게 적극적으로 다가가는 태도를 배우고 익히기도 하고요. 실제로 여학생들 간의 복잡한 심리적 다툼이 함께 어울려 운동하는 과정에서 자연스럽게 풀어지는 경우도 종종 봅니다.

남자아이들의 경우, 방과후 체육 활동 프로그램이나 동네 태권도장, 유소년 스포츠클럽에 가면 선배 형들에게 안 좋은 욕을 배워 온다고 해서 따로 안 보내려는 경우가 있는데요, 이렇게 생각하는 편이 좋습니다. '운동할 기회를 막으면 운동을 통해 얻을 수 있는 다른 긍정적 요인들을 너무 많이 잃게 된다'라고 말이죠. 잘못된 상황에 대해서는 적절히 훈육하되, 받아들일 건 받아들이고 보완할 것은 보완해 나가면서 신체 활동의 기회를 열어 주는 게 무엇보다 중요합니다.

아이들은 체육 시간을 수업으로 생각하지 않습니다. 친구들과 함께 무언가를 주고받는 시간으로 여기죠. 그만큼 신체 활동 중에는 뭔가를 서로 주고받는 교류가 반드시 일어납니다. 지난 쉬는 시간에 싸우고 씩씩대던 아이들도 체육 시간에 함께 땀을 흘리고 나면 언제 그랬냐는 듯 서로에 대해 친밀감을 표현하는 경우를 자주 봅니다. 우리 아이의 사회성을 어떻게 발달시켜야 할지 모르겠다면, 그 답은 아주 간단합니다. 가까운 스포츠센터에 등록하면 됩니다. 아이들의 사회성은 대부분 활동을 하는 과정에서 발달합니다. 몸으로 익힌 사회성은 자기도 모르게 새어 나오는 법이니까요. 신체 활동은 어떻게 보면 가장 품을 덜 들이고 사회성을 높일 수 있는 아주 효과적인 방법입니다. 그러니 더 이상 미루지 마시기 바랍니다.

이타성과 친사회적 행동 기초 다지기

초등 시기의 봉사활동 경험은 아이들의 사회성 발달에 깊은 영향을 줍니다. 그러나 실제로 초등학생이 참여할 수 있는 봉사활동은 많지 않지요. 이런 까닭에 '봉사활동은 중고등학생이 하는 것'이라는 인식이 강합니다. 하지만 초등 시기는 사회성의 기초가 다져지는 시기이며, 이 시기에 경험하는 봉사활동은 아이가 '타인의 마음을 이해하고 함께 살아가는 힘'을 배우는 가장 좋은 기회가 됩니다.

영유아기와 초등 저학년까지 아이들의 사고방식은 대체로 자기중심적입니다. 다시 말해 '내가 좋아서 하는 일'이 우선이라는 말이죠. 물론 그렇다고 타인에 대한 관심이 전혀 없는 것은 아닙니다.

이타성(다른 사람의 행복을 위해 자신의 시간이나 자원을 나누려는 마음)은 4~6세부터 서서히 자라기 시작하며, 9~10세 무렵인 초등학교 3~4학년 시기에 가장 뚜렷하게 나타납니다. 이 시기는 또래 관계가 형성되기 시작하면서 '나만 잘하는 것'보다 '같이 잘하는 것'의 기쁨을 배우는 시기이기도 하지요.

이때 보이는 아이들의 이타적인 행동들을 우리는 친사회적 행동prosocial behavior이라 부릅니다. 친사회적 행동은 단순한 친절이나 예의 바른 행동이 아니라, 타인의 입장을 이해하고 누군가를 돕고자 하는 '자발적인 사회적 행동'을 의미합니다. 이러한 행동은 봉사활동을 포함해 일상에서 얼마든지 찾을 수 있습니다.

제가 근무하는 학교에서는 '한강 수질 정화 활동' '실버타운 음악회' '거리 모금 활동' 등 다양한 형태의 봉사활동을 운영해 왔습니다. 그중 아이들의 반응이 가장 인상 깊었던 활동은 직접 사탕을 포장해 판매하고, 그 수익금으로 독거 어르신들의 겨울 난방비를 전달한 경험이었습니다. 처음 아이들은 단순히 '사탕 포장하는 거 재밌겠다' 정도의 느낌으로 참여했지만, 어르신들의 집을 직접 방문하고 그들의 생활을 보며 깊은 충격을 받았습니다.

"이렇게 어렵게 사는 사람이 있는 걸 처음 알았어요."
"도와드릴 수 있어서 기뻤어요."

"앞으로 자주 찾아뵙고 싶어요."

이 말들은 단순한 감상이 아니라, 타인의 필요를 인식하고 공감하는 능력, 즉 이타적 공감력의 시작을 보여 주는 것이었습니다. 이처럼 봉사활동은 사회성을 다른 차원으로 넓히는 직접적인 계기가 됩니다. 교실 속 친구 관계를 넘어서, 사회 전체 속에서 '나의 역할'을 자각하게 해 주지요. 더불어 타인을 도울 수 있다는 경험은 자존감을 높이고, 세상을 따뜻한 시선으로 바라보게 합니다.

이타성은 봉사활동처럼 특별한 행위를 할 때만 나타나는 게 아닙니다. 일상의 사소한 행위를 통해서도 얼마든지 자랄 수 있어요. 일상에서 자연스럽게 이타성과 친사회적 행동을 유도하는 방법은 다음과 같습니다.

먼저 첫 번째, '양보하기'입니다. 놀이기구나 어딘가에 줄을 서는 상황에서 친구에게 먼저 기회를 주는 행동은 자기 욕구를 조절하고 타인의 입장을 고려해 보는 좋은 사회적 훈련이 됩니다. 다음 두 번째로는 '위로하기'가 있습니다. 친구가 실수하거나 혼날 때, "괜찮아, 나도 그런 적 있어"라고 말해 주는 것은 대표적인 공감 표현 중 하나입니다. 세 번째로는 '협력하기'를 들 수 있습니다. 조별 활동에서 친구의 의견을 존중하며 함께 결과를 만들어 가는 경험은 단순한 협동을 넘어, 관계를 유지하고 조정하는 능력을 키워 줍니다. 마지막으로는 '도와주기'가 있습니다. 친구의 짐을 함께 들어 주거나, 문제 풀이를 어려워하는 친구에게 공부를 가르쳐 주는 행위 역시 중요한 친사회적 행동입니다.

이러한 행동들이 누적되면, 아이는 타인을 배려하는 태도와 사회적 책임감을 함께 배우게 됩니다. 이처럼 이타성과 친사회적 행동은 '함께 행동하면서 체득되는 기술'입니다. 위에 언급한 행위들을 학교에서 친구들에게 자연스럽게 할 수 있도록 평소 가정에서 부모 역시 모범을 보여야 하는데요, 이때 아이와 같이 해 볼 수 있는 효과적인 방법들을 몇 가지 소개하겠습니다.

먼저 가정 안에서 작은 나눔을 실천합니다. 예를 들어 가족이 함께 모은 동전을 연말에 구세군함에 기부한다거나, 주말에 한두 시간 정도 아이와 함께 아파트 환경정화 활동을 해 보는 겁니다. 환경정화 활동이라고 해서 뭔가 엄청 대단한 걸 할 필요는 없고, 쓰레기 봉투와 집게 하나를 들고 돌아다니면서 아파트 놀이터나 주차장, 화단에 떨어진 쓰레기를 주워 담는 정도면 충분합니다.

또 평소 칭찬할 때, 어떤 성과뿐 아니라 아이가 행한 이타적 행위에도 아낌없이 칭찬을 해 주는 게 중요합니다. "네가 다른 사람을 생각했구나"처럼 '타인을 배려한 행동'을 구체적으로 칭찬해 주면 아이는 '누군가를 도와주는 건 멋진 일'이라는 내면의 기준을 형성하게 됩니다.

감정언어를 유추하는 과정도 이타성과 친사회적 행동을 유도하는 데 도움이 됩니다. "그 친구는 왜 속상했을까?" "너라면 그 친구처럼 어려움을 겪을 때 어떤 마음이 들까?" 이런 질문은 아이의 공감적 사고를 자극하고, 친사회적 사고를 지속적으로 확장시키는 역할을 합니다.

이타성과 친사회적 행동은 초등 시기의 사회성 발달을 완성하는 핵심 요소입니다. 아이들은 타인과의 관계 속에서 '나를 중심으로' 살던 사고에서 벗어나 '함께 살아가는 존재'로 성장해 갑니다. 공식적인 봉사활동이 아니더라도 가정에서 배우고 연습해 볼 수 있는 이타적이고 친사회적인 행동은 많습니다. 이 경험이야말로 세상과의 연결을 배우는 가장 강렬한 힘이 되고요. 작은 친절과 도움, 그리고 타인을 향한 따뜻한 한마디 말이 결국 사회적 성숙의 씨앗이 됩니다. 작지만 누군가에게 도움이 되는 행위를 할 수 있는 기회가 온다면, 부디 놓치지 말고 자녀와 함께해 보시길 바랍니다.

친사회적 행동이 가져오는 사회성 발달의 선순환

아동발달심리 중 사회정서발달 관련 연구들을 보면 미취학아동보다 초등학교에 입학한 취학 아동들에게서 '친사회적 행동'이 더 많이 나타난다고 보고되고 있습니다. '친사회적 행동'이란, 나에게 어떤 이익이 없어도, 또는 심지어 나에게 불이익이 생길 걸 알면서도 타인을 돕는 행위를 의미합니다. 전 생애주기로 볼 때, 초등 시기에 이러한 행동이 본격적으로 많이 나타나고요. 요즘 학교폭력이다 왕따다 해서 '초등학생들의 학교생활이 참 걱정된다'라는 이야기가 나오는 마당에 초등 시기가 이타적 행위의 절정기라니, 놀라우실 수도 있습니다. 우리 아이들의 학교생활에 관해 워낙 부정적인 뉴스가 많이 나오고, 또 실제 그런 일들이 일어나고도 있지만, 그래도 확률적으로 보자면 '친사회적 행동'을 보이는 아이들이 훨씬 더 많습니다. 우리 아이의 사회성을 키워 주고 싶다면, 아래 언급되는 친사회적 행동을 할 수 있도록 평상시 잘 가르쳐 주면 됩니다.

제일 빈번하고 매일 일어나는 친사회적 행동 중 하나가 바로 연필과 지우개를 빌려주는 것입니다. 필통을 안 가져오는 아이는 거의 1년 내내 안 가져옵니다. 저도 볼 때마다 주의를 주지만, 내일 또 안 가져올 거라는 걸 알아요. 그래도 학교 생활하는 데 아무 지장이 없습니다. 별로 친하지 않아도 연필과 지우개 정도는 대부분의 아이들이 그냥 빌려주니까요. 아이에게 누군가 연필과 지우개를 안 가져오면, 망설이지 말고 그냥 빌려주라고 이야기해 주세요. 그 정도는 초등 시기 아이들이 대부분 행하고 있는 아주 기초적인 친사회적 행동입니다.

그다음으로 많이 보이는 친사회적 행동은 점심시간이나 쉬는 시간에 다친 친구를 보면 보건실에 데려다주는 겁니다. 이건 사실 연필과 지우개를 빌려주는 것보다는 꽤 어려운 일입니다. 점심 시간에 놀고 싶지 않은 아이는 없으니까요. 그렇지만 옆에서 누가 다쳐서 피가 나거나, 발목이 좀 삔 것 같거나, 공에 맞거나 하면 그걸 본 순간, 노는 걸 바로 포기하고 그 아이가 보건실 가는 걸 같이 따라가 줍니다. 옆에서 팔짱을 끼고 괜찮을 거라 얘기해 주면서 보건실에 같이 가 주는 거예요. 그리고 치료를 다 받고 나올 때까지 보건실 문 옆에 서서 기다려 줍니다. 그러고 나면 점심시간이 다 지나가죠. 그래도 그 시간을 아까워하지 않는 아이들이 더 많습니다. 이렇듯 다친 친구와 함께해 주고, 그 친구를 위해 나의 점심시간마저 포기하고 보건실에 데려다주는 행위는 친한 친구를 만들어 주는 좋은 기회가 됩니다. 우리 아이가 좀처럼 친구를 사귀지 못해 고민이라면, 아픈 아이를 보건실에 데려다주는 정도의 친사회적 행동을 해 보도록 이야기해 주세요. 어렵지 않게 친구가 생길 겁니다.

기부 또한 초등 시기에 경험해 볼 수 있는 아주 좋은 '친사회적 행동'입니다. 저희 학교의 경우, 매년 플리마켓을 합니다. 아이들이 집에서 잘 안 쓰던 자기 물건들, 또는 간단한 요리를 만들어 자판에 깔아 놓고 팔고 사고 합니다. 각자의 수익금 일부를 어려운 이웃에게 나눠 줄 수 있도록 '기부함'도 만들어 놓고요. 이때 아이들이 수익금의 꽤 많은 부분을 기부합니다. 보통은 수익금의 10퍼센트 정도면 적정하다고 이야기해 주는데, 수익금의 절반 이상을 기부하는 아이도 심심치 않게 보게 됩니다.

그렇다면 왜 하필 초등 시기에 위와 같은 친사회적 행동들을 많이 하게 될까요? 초기 연구에서는 '친사회적 행동이 종족의 생존에 더 유리하기 때문'이라는 동물행동학이나 사회생물학 이론이 우세했습니다. 그런데 그것만으로는 왜 '초등 시기'에 이런 이타적 행동이 많이 나타나는지 설명할 수 없었지요. 그런 까닭에 인지발달이나 사회학을 연구하는 학자들은 '학습의 효과'라는 관점에서 이를 설명하려고 했습니다. 본격적인 학습이 시작되면서, 특히 인지력이 발달하면서('이타적 행동은 좋은 것이다') 덩달아 도덕성까지 발달하게 된 것이라고 말이죠. 한편으로 정신분석학자들은 '초자아'라는 개념을 통해 이 같은 현상을 설명하려 했습니다. 이타적 행위를 하려면 초자아가 어느 정도 형성되어야 하는데, 생후 초기부터 점진적으로 발달한 초자아가 초등 시기 학교생활을 통해 더 뚜렷하게 발현되는 것이라고 했지요. 참고로 초자아라는 개념은 프로이트가 사용한 개념으로, '양심적으로 행동하게끔 본인을 주도하는 자아'리고 이해하면 쉽습니다.

하지만 이것만으로는 아직 충분히 설명하기 어려운 부분이 있습니다. 퍼즐 한 조각이 부족한 느낌이랄까요. 저는 이 한 조각이 '욕망'과 관련된 것이라고 생각합니다. 프로이트 이후 많은 학자들이 초자아와 관련된 이론을 바탕으로 더 세밀하고 정밀하게 연구를 해 왔는데요. 대표적으로 프랑스의 자크 라캉이 있습니다. 그가 남긴 유명한 말 중 하나가 바로 "우리 인간은 타인의 욕망을 욕망한다"라는 건데요. 저는 이 말이 지금 아이들의 모습과 비슷하다고 생각합니다. 아이들 내면에 많은 욕망이 있는데, 그중 하나가 타인으로부터 인정받고 칭찬받고 싶은 욕망이에요. 초등 시기는 특히 가족이라는 구성원 말고, 학교라는 공간에서 만나는 훨씬 더 많은 '진짜 타인'에게서 인정받고 싶은 욕망이 가장 강한 시기입니다. 이때 누군가에게 도움을 주거나 협력하는 이타적 행위를 하게 되면, 그 타인으로부터 자신이 좋은 사람이라고 인정받게 되는 것이지요. 타인으로부터의 인정욕구가 가장 높은 시기, 이타적 행위로 나타나는 친사회적 행동은 그런 인정욕구를 채울 수 있는 아주 좋은 기회가 됩니다.

초등 시기에 타인에게 도움을 주는 착한 행위를 했을 때, 칭찬을 충분히 해 주면 친사회적 행동의 바탕이 되는 이타적 행위를 많이 하는 아이로 성장할 가능성이 높아집니다. 그런데 현실에서는 그렇지 못하지요. 왜냐면 이타적 행위를 했을 때보다 공부를 열심히 하고 좋은 성과를 냈을 때 더 인정받기 때문입니다. 외려 이타적 행위를 했을 때, '그런 데 신경 쓸 시간에 네 것을 더 챙기는 게 좋을걸'이라는 반응을 받기도 하고요.

'어떻게 매사에 이타적으로 살라고 해'라고 생각하실 수도 있습니다. 저도 아이들에게 매사에 이타적으로 살라고 가르치고 싶지는 않습니다. 그렇게 살아갈 수 있는 사람이 거의 없고, 또 그렇게 살아가라고 가르치는 게 맞다고 생각하지도 않으니까요. 그럼에도 불구하고 제가 아이들에게 이타적인 행동을 강조하는 이유는, 아이가 어려움에 처한 누군가를 돕고 '그래도 나 참 쓸모 있는 일을 했다'라고 스스로를 칭찬할 수 있기를 바라는 마음 때문입니다. 자존감이라고 부르는 자아존중감은 타인으로부터 존중을 받으면 생긴다고 알고 있지만, 자존감은 내가 타인에게 어떤 조건 없이도 뭔가를 해 줄 수 있는 사람이라는 걸 알게 될 때 역시 엄청 높아지거든요. 즉 자존감 측면에서 보면 이타적 행위는 타인이 아니라 나를 살리는 행위입니다. 우리 아이들이 스스로를 살리는 친사회적 행동을 많이 경험해 보고 자아존중감도 키울 수 있기를 기대해 봅니다. 그 높아진 자존감이 다시 우리 아이의 사회성을 한층 더 견고히 하는 선순환을 만듭니다.

요즘 교실 속에서 찾아낸 초등 사회성의 모든 것

친구들과 잘 지내는 아이들의 비밀

1판 1쇄 인쇄 2026년 4월 8일
1판 1쇄 발행 2026년 4월 22일

지은이 김선호
펴낸이 고병욱

기획편집2실장 김순란　**기획편집** 권민성 조상희
마케팅 안선욱 황혜리 황예린 권묘정 이보슬　**디자인** 공희 백은주
제작 김기창　**관리** 주동은　**경영지원** 노재경 송민진

펴낸곳 청림출판(주)
등록 제2023-000081호

본사 04799 서울시 성동구 아차산로17길 49 1010호 청림출판(주)
제2사옥 10881 경기도 파주시 회동길 173 청림아트스페이스
전화 02-546-4341　**팩스** 02-546-8053

홈페이지 www.chungrim.com　**이메일** life@chungrim.com
인스타그램 @ch_daily_mom　**블로그** blog.naver.com/chungrimlife
페이스북 www.facebook.com/chungrimlife

ⓒ 김선호, 2026

ISBN 979-11-93842-69-0　13590